IT实用技术

UTILITY TECHNOLOGY OF IT

信息技术公共课程编写组

主 编 肖 忠
副主编 李 化 王书伟
　　　　罗文佳 龚轩涛

Southwestern University of Finance & Economics Press

西南财经大学出版社

图书在版编目(CIP)数据

IT实用技术/信息技术公共课程编写组(肖忠主编). —成都:西南财经大学出版社,2014.1(2016.1重印)

ISBN 978 – 7 – 5504 – 1302 – 3

Ⅰ.①I…　Ⅱ.①肖…　Ⅲ.①电子计算机—高等学校—教材
Ⅳ.①TP3

中国版本图书馆 CIP 数据核字(2013)第 303922 号

IT 实用技术

信息技术公共课程编写组　编

责任编辑:李特军
封面设计:墨创文化
责任印制:封俊川

出版发行	西南财经大学出版社(四川省成都市光华村街 55 号)
网　址	http://www.bookcj.com
电子邮件	bookcj@foxmail.com
邮政编码	610074
电　话	028 – 87353785　87352368
照　排	四川胜翔数码印务设计有限公司
印　刷	郫县犀浦印刷厂
成品尺寸	185mm×260mm
印　张	19.75
字　数	425 千字
版　次	2014 年 1 月第 1 版
印　次	2016 年 1 月第 3 次印刷
印　数	5301— 8300 册
书　号	ISBN 978 – 7 – 5504 – 1302 – 3
定　价	36.00 元

前　言

　　编写本教材时，恰逢高等教育改革如火如荼地展开，所以本教材吸收了教学改革的一些基本思想，关注学生能力的培养，强调灵活运用知识解决实际问题。

　　计算机软件出现故障，怎么解决？计算机运行缓慢，甚至崩溃，想上网上不了，想播放电影播放不了，想使用 Word 书写文档书写不了，怎么办？计算机感染病毒，经常出现莫名其妙的错误，你如何解决？当面对这些问题时，众多计算机使用者束手无策，感叹道：计算机好难学习！

　　其实，解决上述问题的最好办法是重装系统。一旦你学会了重装系统，你就不会再害怕这些问题。当计算机运行缓慢，以前正常运行的软件出现异常，你只需要重装系统，然后安装应用软件，一切问题迎刃而解。本书第 1 课 安装操作系统，第 2 课 安装常用软件及计算机实用技巧，详细介绍了操作系统的安装和常见应用软件的安装，书中配有截图和详细的安装步骤，相信读者能够掌握。

　　经过调查，很多大学生希望学习 Photoshop、Flash 和会声会影，为了满足这些读者的需要，本书后面用实际案例的方式对这三个软件进行了介绍。

　　第 3 课到第 8 课，主要讲解 Photoshop 的使用。首先讲解 Photoshop 的安装，这是学习的第一步，然后用实际案例讲解了修补照片、合成照片、美化照片、创作广告海报、制作简单动画等。儿时照片，小学毕业照片，很多珍贵的历史照片，因为时间久远，这些照片掉色、边角、脱落、画面斑驳，能不能修补好呢？答案是：能。您需要用高清晰度的数码相机或手机，把这些照片拍摄下来，然后复制到计算机内部，利用第 4 课 修补照片讲解的技术就可以完成。

　　在傍晚或晚上拍摄人物照片，或者在黑暗的房间中拍摄人物时常常出现红眼现象，即瞳孔是红色的。您有这样的照片吗？消除红眼，第 4 课讲解。

　　很多女生希望制作自己和喜欢的明星的合影照片，第 5 课 合成照片可以帮您实现这个梦想。很多男生希望将自己或朋友的照片制作成搞怪图片，第 5 课也可以帮助这些朋友实现梦想。

　　当您有照片需要裁剪，或照片模糊、需要美化时，您可以在第 6 课 美化照片找到答案。

　　如果您想制作动画，第 7 课 利用 Photoshop 制作简单动画可以帮助您。

　　如果您想利用 Photoshop 创作广告、海报，第 8 课 制作广告海报可以给您提供一些参考。

　　第 9 课到第 13 课，主要讲解 Flash 的使用，讲解了 Flash 的安装，介绍了几个经典案例的制作。文字探照灯、画卷动画、网络相册、MTV，这些案例中，有没有您想学习的技术？

第 14 课 利用会声会影制作视频，主要讲解会声会影的安装，制作相册，为视频添加文字，删除视频中的片段，视频合成，视频拆分等技术。这些技术，都是制作视频时最常用的技术。

第 15 课 计算机网络基础，主要讲解了计算机网络的概念，拓扑结构，网络的分类，常用传输介质，Internet 的应用，IP 地址等内容。根据笔者的经验，讲解了网络故障分析及解决办法等实用技术。

第 16 课 IT 前沿技术介绍，主要介绍了云计算、机器人、3G 技术、物联网等前沿技术，帮助读者拓宽眼界，紧跟时代的步伐。

本书由西南财经大学天府学院肖忠老师主编。第 1 课至第 8 课，第 14 课由肖忠老师执笔；第 9 课至第 13 课，由李化老师执笔；第 15 课由鲁佳老师、王书伟老师、龚轩涛老师共同编写；第 16 课由郭进老师、罗文佳老师共同编写。

本书在编写过程中得到了西南财经大学天府学院黄纯国副院长和吕峻闻院长助理的大力帮助，黄纯国副院长审阅了该教材并提出了很多宝贵的意见。同时西南财经大学天府学院信息技术教学中心和现代技术中心的各位老师为本书的编写提供了许多帮助，在此向他们致以诚挚的谢意。

本书制作了多媒体课件，供老师教学参考使用。

由于时间仓促和作者的水平有限，书中错误和不妥之处在所难免，敬请读者批评指正。

因书中部分图片实在无法联系到作者，无法找到出处，故请原图作者联系156384336@qq.com，以支付稿酬。为您带来不便，敬请原谅。

西南财经大学天府学院　肖　忠

2014 年 1 月

目 录

第 1 课　安装操作系统

大家思考几个问题：

1. 你了解计算机操作系统吗？操作系统有哪些功能？计算机为什么必须安装操作系统？

2. 计算机软件出现故障，怎么解决？计算机运行缓慢，甚至崩溃。想上网上不了，想播放电影播放不了，想使用 Word 书写文档书写不了，你如何解决？

3. 计算机感染病毒，经常出现莫名其妙的错误，你如何解决？

解决计算机软件问题的最好和最后的方法是重装系统。你会重装系统吗？你自己动手重装过系统吗？

如果有人想教你安装计算机操作系统，你愿意学习吗？

读者通过查询资料，写一篇读书报告，解决如下问题：

1. 你担心重装计算机操作系统，会对计算机产生破坏作用吗？如果有破坏作用，对计算机有哪些损害？重装系统，会破坏哪些磁盘上的文件呢？

2. 要安装计算机操作系统，需要做哪些准备工作呢？

3. 如何安装操作系统呢？有哪些安装方法，大概步骤是怎样的？

4. 一台计算机只能安装一个操作系统吗？如果安装多个操作系统，速度会不会慢呢？

有了这些基础之后，再讲解如何安装操作系统，读者掌握起来就会事半功倍。

下面介绍 Windows XP 和 Win 7（64 位）的安装。安装前必须准备 Windows XP 和 Win 7（64 位）的操作系统安装光盘或 U 盘。

1.1　安装 Windows XP

1.1.1　安装前的准备工作

安装操作系统，对计算机硬件损害甚微，主要是硬盘和光盘的高速旋转有一点磨损。我们一般选择 C 盘作为系统盘（当然，也可以选择其他盘作为系统盘），重装系统会破坏系统盘上的文件，因为需要把操作系统的文件复制到系统盘，会覆盖以前的文件。

安装操作系统之前，需要做以下准备工作：

1. 如果选择 C 盘作为系统盘，需要把 C 盘上重要的文件复制到其他盘。需要复制哪些文件呢？操作系统的文件不需要复制，重新安装系统之后这些文件会自动复制到 C 盘；Microsoft Office 2003 或 2010 不需要复制，因为 Microsoft Office 安装时要写注册表，仅仅复制文件夹不复制注册表是没有用的，重装系统之后，重新安装 Microsoft Office 就可以了；凡是需要安装的文件，都不需要复制，重装系统之后重新安装就好了。自己写的 Word 文档，PPT 演示文稿，Excel 表格，自己下载的电影、音乐、动漫等，需要复制到其他磁盘。

2. 拔掉网线。在安装操作系统的过程中，计算机是没有防病毒的能力的，但是在安装过程中，病毒可能通过网线乘虚而入，所以安装操作系统之前先拔掉网线，等操作系统安装成功，杀毒软件和预防病毒的软件安装之后，再插上网线。

3. 修改计算机的启动顺序。计算机默认从 C 盘启动，如果不修改启动顺序，每次都从 C 盘启动，就没有办法重装系统。安装操作系统，我们选择从光盘安装，那么第一启动顺序必须是光盘。这样，计算机启动时，就从光盘启动，然后可以顺利安装操作系统。

1.1.2　修改计算机的启动顺序

不同品牌的台式计算机和笔记本电脑，修改启动顺序是不一样的。一般在计算机启动出现的第一个画面，就有关于如何设置 BIOS 的提示（修改启动顺序是 BIOS 中的一项）。下面以 IBM 笔记本电脑、HP 笔记本电脑为例，讲解如何修改启动顺序，其他计算机修改启动顺序和这里讲解的大同小异。

1. IBM 笔记本电脑修改启动顺序

Step1 启动 IBM 笔记本电脑，出现的第一个画面如图 1-1 所示。

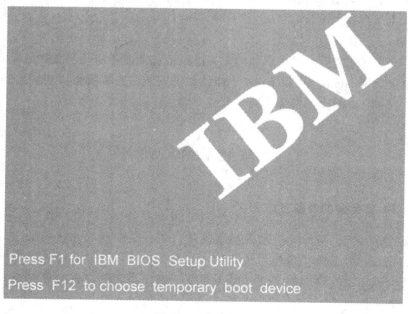

Press F1 for IBM BIOS Setup Utility
Press F12 to choose temporary boot device

图 1-1　启动画面

从图 1-1 看出，"Press F1 for IBM BIOS Setup Utility（按 F1 键进入 IBM BIOS 设置实用程序）"。当看到这个画面时，按下 F1 键（技巧：连续多按几次，更容易打开），将打开 "IBM BIOS Setup Utility" 窗口，如图 1-2 所示。

```
Config
Date/Time
Password
Startup
Restart

BIOS Version
BIOS Date (Year-Month-Day)
Embedded  Controller Version
System-unit  serial  number
System  board serial  number
```

图 1-2　IBM BIOS 设置窗口

Step2 在图 1-2 中，移动上下光标键选择 "Startup（启动）" 这一项，然后按 Enter 键。注意：菜单的下面就是操作提示，例如 "F5/F6 Change Values"，含义是 "按 F5 或者 F6 改变值"；"Enter Select Sub-Menu"，含义是 "按回车键进入子菜单"。不同厂商的计算机提示信息是不一样的，关注 "Startup（启动）"、"Boot（引导）" 这些词汇，根据提示就会操作。

```
Config
Date/Time
Password
Startup
Restart

BIOS Version                     1.18
BIOS Date (Year-Month-Day)       2004-07-06
Embedded  Controller Version     1.06a
System-unit serial number         26474MU78FRFRB
System board serial number       J1LVM2662SV
CPU Type                         Mobile Intel(R) Pentium
CPU Speed                        1.13GHz
Installed memory                 256MB
UUID                             34ba4201-45da-11cb-a033
MAC Address (Interal Lan)        00 D0 59 D8 C3 7A

F1  Help      ↑↓ Select Item   F5/F6  Change Values
F3/ESC  Exit                   Enter  Select  Sub-Menu
```

图 1-3　选中 Startup

Step3 选择 "Startup"，按回车键，将打开如图 1-4 所示窗口。

```
                    Startup

Boot
Network

Boot  Mode                           [Quick]
BIOS Setup Prompt(F1 key message)    [Enabled]
```

图 1-4　启动 Boot

Step4 选中"Boot"，然后按回车键，将打开如图 1-5 所示窗口。在图 1-5 中，选中"CD-ROM Driver"这一项，然后单击 F6，把它切换到第一项，如图 1-6 所示。

```
Hard Drive
Removable Devices
CD-ROM Drive
IBA 4.0.22 Slot 0240
```

图 1-5　启动顺序

```
              Boot                    │  Item Specific Help

CD-ROM Drive                          │  Use these keys to set
 Hard Drive                           │  the boot order that
 Removable Devices                    │  the BIOS will use to
 IBA 4.0.22 Slot 0240                 │  attempt to boot an OS:
                                      │  <Enter> expands or
                                      │  collapses devices with
                                      │  a + or -
                                      │  <Ctrl+Enter> expands
                                      │  all
                                      │  <INS> enables or
                                      │  disables a device.
                                      │  <F5> and <F6> moves the
                                      │  device up or down.
                                      │  USB BIOS support must
                                      │  be enabled for USB boot.
```

图 1-6　CD-ROM Driver 被换到第一项

Step5 按 F10，保存退出。将 Windows XP 操作系统光盘放入光驱中，如图 1-7 所示。重新启动，将从光盘启动计算机。具体安装步骤稍后介绍。

图 1-7　将 Windows XP 操作系统光盘放入光驱

2. HP 笔记本电脑修改启动顺序

Step1 HP 笔记本电脑启动时，出现的第一个画面如图 1-8 所示，当看到"Press the ESC Key for Startup Menu（按 ESC 键修改启动菜单）"时，立即按下键盘上的 ESC（有的计算机是小写的 esc）键，将打开启动菜单，如图 1-9 所示。

图 1-8　HP 修改启动菜单的提示信息

Step2 在图 1-9 中，出现的英文单词，读者想办法读懂记住。选择"F9 Boot Device Options"项，按回车键。

F1　System　Information
F2　System　Diagnostics

F7　HP　SpareKey
F9　Boot　Device　Options
F10 BIOS　Setup

F12 Network　Boot

ENTER - Continue　Startup

For　more　Information, please　visit:www.hp.com

图 1-9　HP 启动菜单

Step3 在图 1-10 中，从光盘启动选择第一项"Notebook Upgrade Bay"，立即在光驱中放入操作系统安装光盘，将从光驱启动计算机，根据提示安装操作系统。

图 1-10　HP 启动选择项

1.1.3　安装 Windows XP 操作系统

在上一节的基础上，修改了启动顺序，把 Windows XP 操作系统光盘放入光驱中，计算机将从光驱启动。拔掉网线，操作系统安装完成，杀毒软件和防病毒软件安装之后，再插上网线。

Step1 计算机从光驱启动，将看到如图 1-11 所示画面，"Press any key to boot

from CD…（按任意键从光驱启动）"，停顿时间有 5 秒，这时候，赶快按下键盘上的任意一个键，操作系统安装就开始了。

图 1-11　从光驱启动画面

Step2 安装程序从光盘把操作系统文件装入内存，画面如图 1-12 所示。

Setup is loading files (Serial Port Enumerator

图 1-12　装入操作系统文件

Step3 后面让计算机自动工作，等待一段时间，将出现如图 1-13 所示画面。显示计算机上现有磁盘分区和尚未划分的空间。为了让计算机彻底干净，首先要删除分区，删除残留数据，然后重新建立分区，格式化 C 盘。

选中"C：分区 1（NTFS）"项，然后按字母 D（删除所选磁盘分区，请按 D）。

分析：在图 1-13 中，我们看到两个磁盘分区，有的计算机还有更多的分区。什么是分区呢？一个硬盘，容量很大，分成几部分进行管理，效率更高。硬盘的一个部分称为一个分区。每个分区都能安装操作系统，这样，一台计算机可以安装若干个操作系统。但是，一个分区只能安装一个操作系统，所谓一山不容二虎。一个分区如果安装两个操作系统，它们会互相冲突，无法工作。一般来说，第一个操作系统选择 C 盘安装，第二个操作系统选择 D 盘安装，依此类推，注意按低版本到高版本的顺序安装操作系统。一台计算机安装多个操作系统，速度不会降低，和只有一个操作系统的速度一模一样。

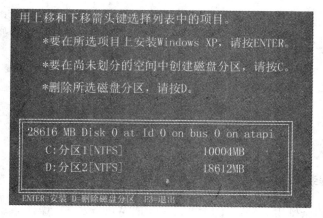

图 1-13　磁盘分区

Step4 如图 1-14 所示，删除的是系统磁盘分区，为了防止失误操作，提醒读者，C 盘上还有没有自己需要的数据。安装程序有很多提示信息，请仔细阅读，根据提示信息，自己就会安装了。要删除此磁盘分区，请按 Enter 键（回车键）。

分析：删除磁盘分区的目的是把系统盘上残留的数据（包括计算机病毒）彻底清除干净。

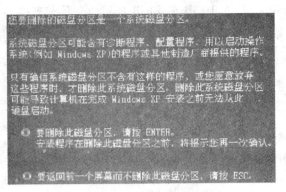

图 1-14　删除磁盘分区确认

Step5 如图 1-15 所示，需要再次确认。读者确信 C 盘上没有自己需要的数据之后，请按 L 键。

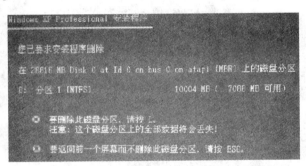

图 1-15　再次确认

Step6 如图 1-16 所示，C 盘分区已经被删除。下面应该重新建立分区，请按字母 C。

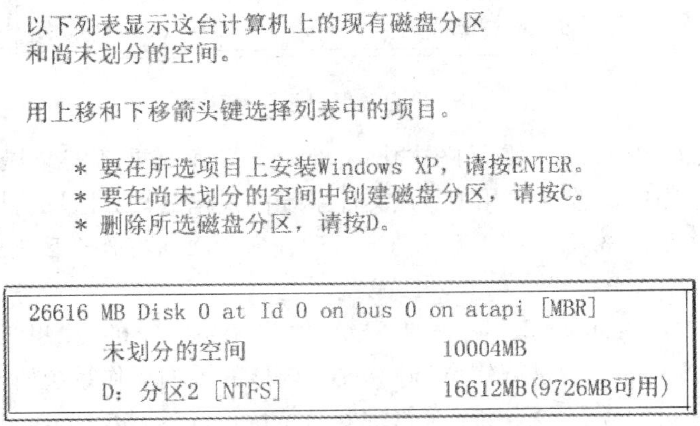

以下列表显示这台计算机上的现有磁盘分区
和尚未划分的空间。

用上移和下移箭头键选择列表中的项目。

＊要在所选项目上安装Windows XP，请按ENTER。
＊要在尚未划分的空间中创建磁盘分区，请按C。
＊删除所选磁盘分区，请按D。

26616 MB Disk 0 at Id 0 on bus 0 on atapi [MBR]	
未划分的空间	10004MB
D：分区2 [NTFS]	16612MB(9726MB可用)

图 1-16　C 盘分区已经被删除

Step7 如图 1-17 所示，需要确认 C 盘的大小。系统会自动检查 C 盘的大小，使用默认值，直接按 Enter 键。

分析：如果系统没有自动检测出 C 盘的大小，没有填入默认数据，则可以手动填入数据，Windows XP 在 10GB 至 50GB 之间的数值都可以。

Windows　XP Professional安装程序

您已要求安装程序在 26616 MB Disk 0 at Id 0 on bus 0 on atapi
上创建新的磁盘分区。

* 要创建新磁盘分区，请在下面输入大小，然后按ENTER 。
* 要回到前一个屏幕而不创建新磁盘分区，请按ESC。

最小新磁盘分区为　　　7 MB。
最大新磁盘分区为　10004MB。
创建磁盘分区大小（单位MB）：10004

图 1-17　确认分区大小

Step8 如图 1-18 所示，C 盘分区已经重新建立。根据提示信息"要在所选项目上安装 Windows XP，请按 Enter"，直接按回车键。

以下列表显示这台计算机上的现有磁盘分区
和尚未划分的空间。

用上移和下移箭头键选择列表中的项目。

* 要在所选项目上安装Windows XP，请按ENTER。
* 要在尚未划分的空间中创建磁盘分区，请按C。
* 删除所选磁盘分区，请按D。

26616 MB Disk 0 at Id 0 on bus 0 on atapi [MBR]

　　　C：分区1 [新的未使用]　　　10004MB(10004MB可用)

　　　D：分区2 [NTFS]　　　　　16612MB(9726MB可用)

图 1-18　C 盘分区已经重新建立

Step9 如图 1-19 所示，需要格式化 C 盘，这样确保重新安装操作系统之后，计算机环境是干净的。选择"用 NTFS 文件系统格式化磁盘分区"，然后按回车键。

分析：文件系统格式有 FAT 和 NTFS 两种，它们之间有什么区别呢？为什么要选择用 NTFS 文件系统格式化磁盘分区呢？

FAT（File Allocation Table）是"文件分配表"的意思。NTFS（New Technology File System），是微软 Windows NT 内核的系列操作系统所支持的、一个特别为网络和磁盘配额、文件加密等管理安全特性设计的磁盘格式。FAT 有 FAT16 和 FAT32 两种，FAT16 文件系统，采用两个字节来记录簇（磁盘空间是以簇为单位进行分配的），这样它最多记录 65535 个簇，用于管理 1GB 以下的小硬盘和 U 盘是有效的，如果管理 4GB 以上的硬盘，磁盘的利用率将非常的低。FAT32 文件系统，用 4 个字节记录簇，磁盘利用率高。NTFS 文件系统，也是采用 4 个字节来记录簇，磁盘利用率高。NTFS 比 FAT32 安全，NTFS 支持文件加密管理功能，可为用户提供更高层次的安全保证。所以，本次操作选择"用 NTFS 文件系统格式化磁盘分区"。

选择的磁盘分区没有经过格式化。安装程序
将立即格式化这个磁盘分区。

使用上移和下移箭头键选择需要的文件系统，然后请按ENTER。

如果要为Windows XP选择不同的磁盘分区，请按ESC。

用NTFS文件系统格式化磁盘分区（快）
用FAT文件系统格式化磁盘分区（快）
用NTFS文件系统格式化磁盘分区
用FAT文件系统格式化磁盘分区

图 1-19　格式化 C 盘

Step10 图 1-20、图 1-21、图 1-22 显示格式化 C 盘的进度。格式化操作是计算机自动完成的，耐心等待格式化完成。

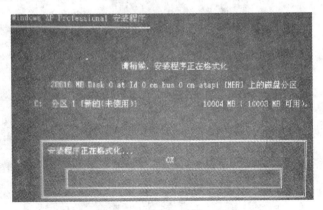

图 1-20　开始格式化 C 盘

图 1-21　格式化 C 盘进度

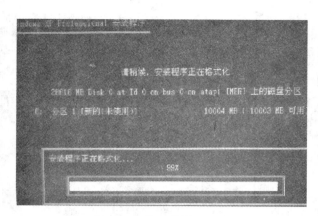

图 1-22　格式化接近完成

Step11 如图 1-23，1-24 所示，格式化完成之后，开始复制操作系统的文件到 C 盘上。

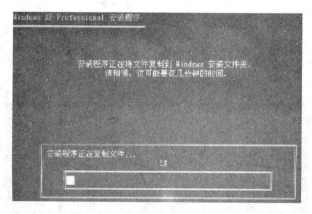

图 1-23　开始复制操作系统文件

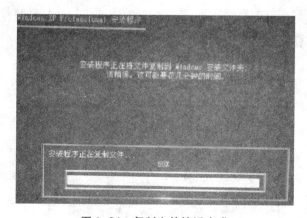

图 1-24　复制文件接近完成

Step12 自动复制文件完成之后，安装程序初始化 Windows XP 的配置。

图 1-25 安装程序初始化 Windows XP 配置

Step13 安装程序自动安装 Windows XP。

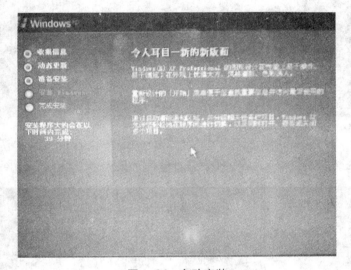

图 1-26 自动安装

Step14 出现安装 Windows XP 向导，单击"下一步"。

图 1-27 Windows XP 安装向导

Step 15 许可协议。选择"我接受这个协议"，单击"下一步"。

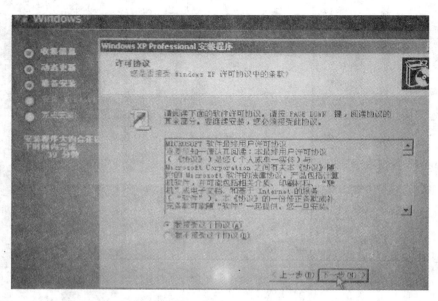

图 1-28 许可协议

Step16 安装 Windows XP，出现安装进度提示条。

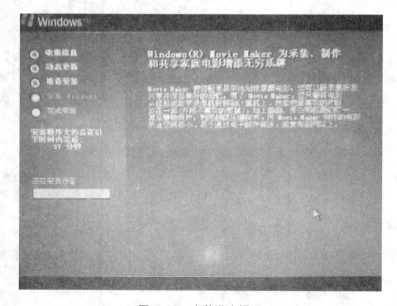

图 1-29 安装进度提示

Step17 自动安装设备。

分析： 计算机为什么要安装设备？计算机由处理器（CPU）、内存条、主板、显卡、声卡、网卡、硬盘、光驱、键盘、鼠标、显示器（或显示屏）等硬件组成，这些硬件必须有相应的驱动程序才能工作。设备管理是操作系统的功能之一，所以安装过程中，操作系统会自动安装设备。本次安装的是微软的 Windows XP，很多硬件生产厂商为了拓展市场和微软合作，把硬件驱动程序交给微软，集成在

Windows XP 系统中，这些硬件，安装之后就不需要单独安装设备驱动程序。注意，微软的操作系统没有集成所有硬件生成厂商的驱动程序，这些硬件安装操作系统之后，还要单独安装设备驱动程序。

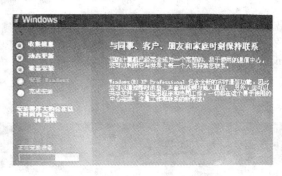

图 1-30　Windows XP 安装设备

Step18 区域和语言选项提示。单击"下一步"。

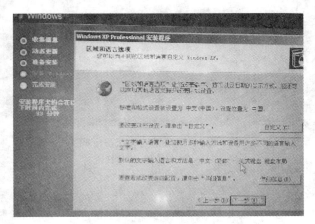

图 1-31　区域和语言选项提示

Step19 输入姓名和单位，然后单击"下一步"。

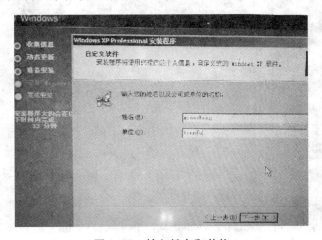

图 1-32　输入姓名和单位

Step20 输入系统管理员密码，然后单击"下一步"。

分析：安装时一定要输入系统管理员密码。为什么要这么做呢？因为计算机处于网络环境中，安全性是必须考虑的问题。系统管理员密码，是保证计算机安全的第一道大门。打个比喻，如果把计算机比作一个房间的话，那么系统管理员密码就是锁上这个房间的锁。如果没有系统管理员密码，房间就没有上锁，可以自由出入。如果不设置系统管理员密码，其他人通过网络就可以自由访问你的计算机，盗取账号和密码。设置系统管理员密码时，最好设置复杂一点，长度超过10，采用大写字母、小写字母、数字和其他特殊符号的组合。

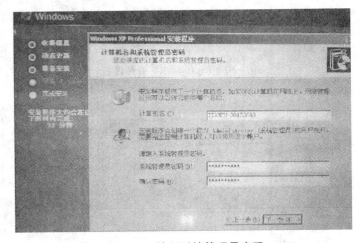

图 1-33　输入系统管理员密码

Step21 输入所在地区的区号，然后单击"下一步"。

分析：之所以需要输入所在地区的区号，是因为有的计算机通过电话线和调制解调器接入 Internet，需要电话的区号。如果是通过网络线上网的话，随便输入一个数字即可。

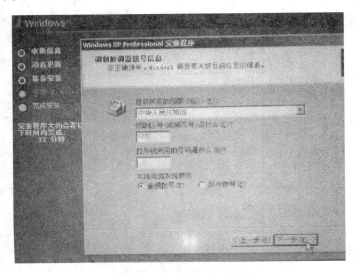

图 1-34　输入所在地区的区号

Step22 日期和时间设置。设置当前日期和时间，然后单击"下一步"。

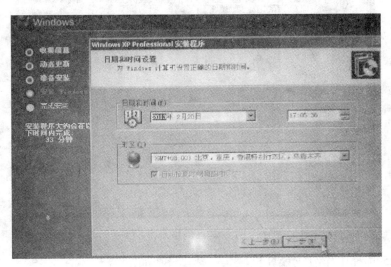

图 1-35　设置日期和时间

Step23 自动安装网络。

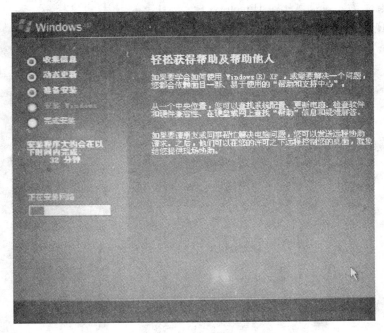

图 1-36　安装计算机网络组件

Step24 网络设置。选择"典型设置"，单击"下一步"。

网络设置分为"典型设置"和"自定义两种"，如果你对计算机网络了解不多的话，选择"典型设置"即可。如果你对计算机网络比较了解，知道如何设置 IP 地址、DNS 地址、网络安全等，就可以选择"自定义设置"，根据后面的提示，输入相关参数。

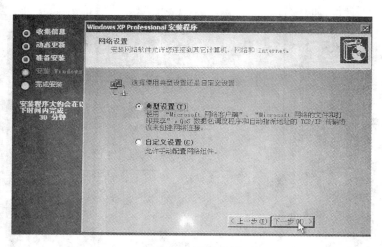

图 1-37 网络设置

Step25 选择工作组或计算机域。选择"不，此计算机不在网络上，或者在没有区域的网络上"，然后单击"下一步"。

分析：工作组或计算机域是 Windows XP 管理众多计算机的一种策略。Windows 操作系统通过 Active Directory（活动目录）技术构建根域，后面的计算机加入这个域（作为子域），这些计算机之间就可以互相通信，资源共享，单点登录，全域访问。本次安装的计算机是作为单机独立使用的，所以不需要加入组或域。

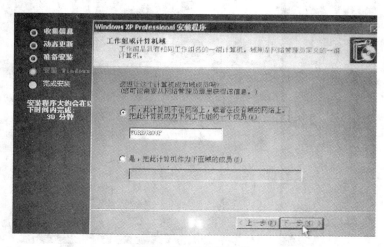

图 1-38 工作组设置

Step26 设置好这些之后，可以放心等待了，后面全部是计算机自动工作。

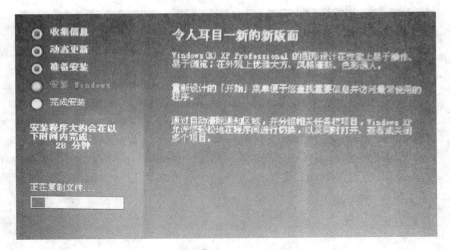

图 1-39　复制文件

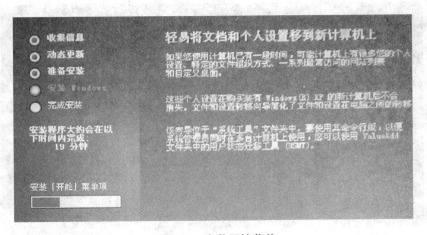

图 1-40　安装开始菜单

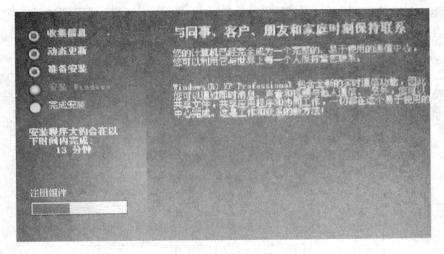

图 1-41　注册组件

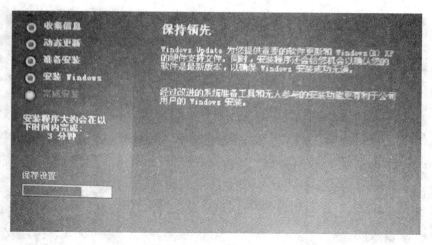

图 1-42　保存设置

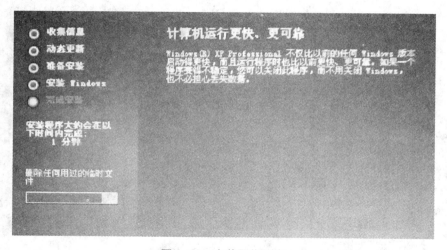

图 1-43　安装即将结束

Step27 安装完成之后，计算机会自动重启，进行一些配置。因为光盘还在光驱中，启动时还会出现如下警告：

Press any key to boot from CD……

这时候，千万不要按任何键，因为按下任一键，计算机就会从头开始，重复上述操作。让计算机自动工作，一会儿，会出现大家熟习的 WINdows XP 启动画面，如图 1-44 所示。

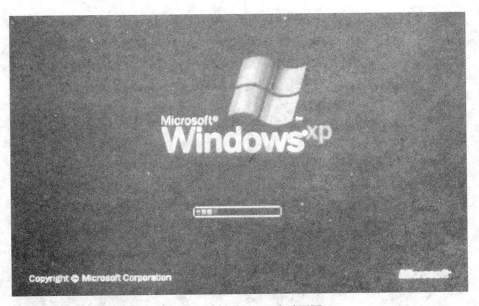

图 1-44　Windows XP 启动画面

Step28 完成最后的简单配置。

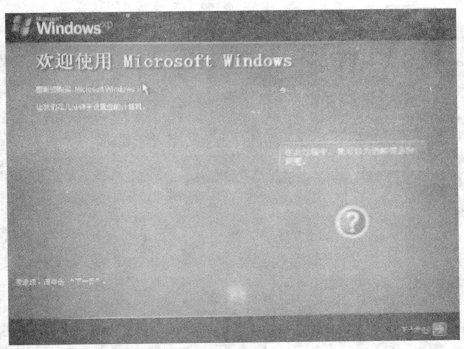

图 1-45　配置计算机

单击"下一步"。

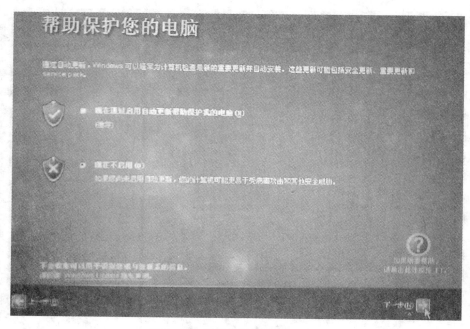

图1-46 是否启用自动更新功能

选择"现在不启用",单击"下一步"。

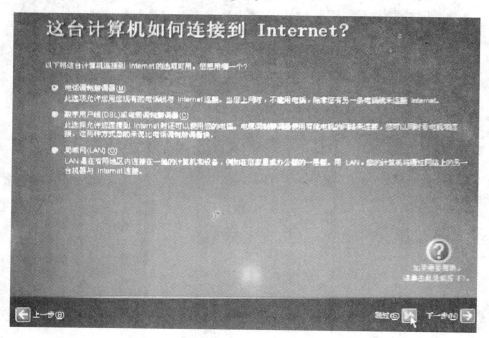

图1-47 连接到 Internet

直接单击"跳过",后面插上网线再设置。

x

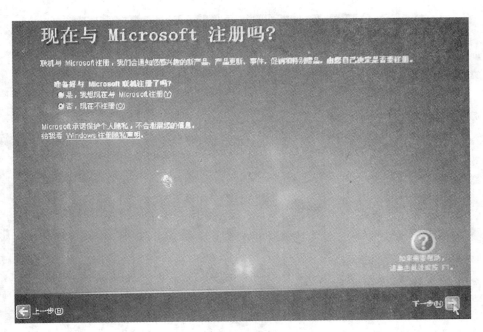

图 1-48 询问是否注册

选择"否，现在不注册"，然后单击"下一步"。

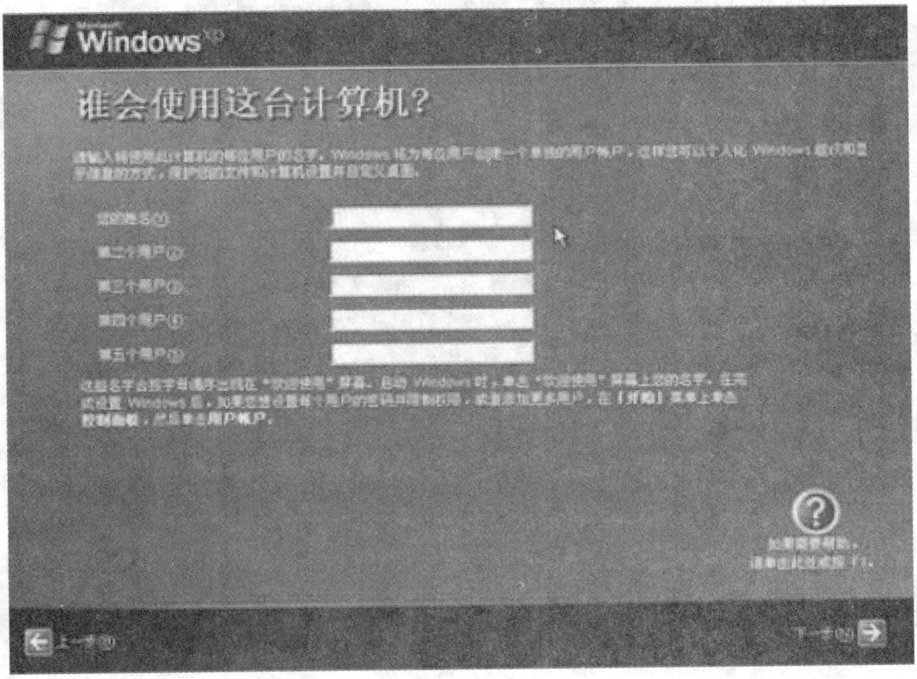

图 1-49 输入用户名

输入自己的名字，然后单击"下一步"。

图 1-50　完成

至此，安装 Windows XP 全部结束。

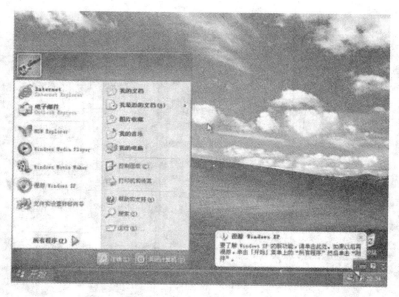

图 1-51　打开"开始"菜单

图 1-52　安装完成之初的桌面

从图 1-52 看出，安装 Windows XP 之初，桌面上非常干净，只有"回收站"。下面把"我的电脑"显示在桌面上，操作如下：在桌面空白处单击右键，将弹出如图 1-53 所示的桌面快捷菜单。可以看出，文字很粗糙，因为仅仅安装了操作系统，还没有安装显卡驱动程序。

图 1-53　桌面快捷菜单

在图 1-53 中，单击"属性"，将打开桌面属性窗口，如图 1-54 所示。单击"桌面"选项卡，选择"自定义桌面"，然后单击"确定"，打开如图 1-55 所示窗口。

图 1-54　桌面属性窗口

图 1-55　桌面项目

在图 1-55 中，桌面图标分组中，勾选"我的电脑"，单击"确定"，"我的电脑"图标将出现在桌面上。

1.1.4　安装设备驱动程序

安装操作系统之后，一般紧接着安装设备驱动程序，例如显卡驱动程序、声卡驱动程序、网卡驱动程序、无线网卡驱动程序等。有的计算机，因为硬件生产厂商和微软合作，把驱动程序提供给了微软，在操作系统中已经集成了设备驱动程序，安装操作系统之后就不需要安装设备驱动程序了。

如果有驱动程序光盘，放入光驱，自动运行，根据提示安装即可。

本次安装是在 IBM T23 笔记本电脑进行的，Windows XP 集成了 IBM T23 的网卡、声卡驱动程序，只有显卡驱动程序没有集成。所以，需要单独安装 IBM T23 的显卡驱动程序。其他机型、其他设备驱动程序的安装和本次安装相似。

Step1 从网上下载 IBM T23 的显卡驱动程序，放入 IBM 显卡驱动文件夹中（这个文件夹自己建立）。打开该文件夹，就是 IBM T23 显卡驱动程序，如图 1-56 所示。

图 1-56   IBM T23 显卡驱动程序

Step2 双击运行该程序。注意：这一次仅仅是解压，还没有真正安装。默认解压到 C 盘根目录，如图 1-57 所示。

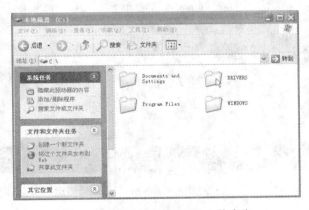

图 1-57   解压在 DRIVERS 文件夹中

双击，依次打开 DRIVERS→WIN→VIDEO 文件夹，如图 1-58 所示。

图 1-58   IBM T23 驱动程序文件

Step3 对准 "SETUP" 图标双击，安装 IBM T23 显卡驱动程序，会出现安装的画面，复制文件的画面，都是自动的，大概一分钟就安装好了。安装之后，会出现如图 1-59 所示画面，询问是否需要重新启动计算机。因为驱动程序要写入 Windows 注册表和更改硬件设置，安装驱动程序之后，需要重新启动计算机使之生效。选择 "Yes, I want to restart my computer now（是的，我想要立即重新启动计算机）"，单击 "Finish"。计算机重新启动，启动成功之后，你仔细观察桌面的文字，分辨率已经提高了。

显卡驱动程序安装完毕。

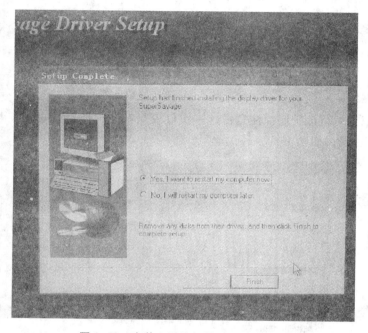

图 1-59　安装之后询问是否重启计算机

技巧：怎样判断一个软件是解压还是真正安装？解压，一般都很快，会看到如图 1-60 所示画面，解压完成之后就停止了。真正安装，会出现安装向导，有提示信息、复制文件的画面，还有安装进度条。这些都是经验，读者注意积累，见多识广，以后操作就得心应手了。

```
正在解压  vb60\vb6\COMMON\TOOLS\VB\CABINETS\MSBIND.CAB
正在解压  vb60\vb6\COMMON\TOOLS\VB\CABINETS\MSCC2CHS.CAB
正在解压  vb60\vb6\COMMON\TOOLS\VB\CABINETS\MSCH2CHS.CAB
正在解压  vb60\vb6\COMMON\TOOLS\VB\CABINETS\MSCHRT20.CAB
正在解压  vb60\vb6\COMMON\TOOLS\VB\CABINETS\MSCMCCHS.CAB
正在解压  vb60\vb6\COMMON\TOOLS\VB\CABINETS\MSCOMCHS.CAB
正在解压  vb60\vb6\COMMON\TOOLS\VB\CABINETS\MSCOMCT2.CAB
正在解压  vb60\vb6\COMMON\TOOLS\VB\CABINETS\MSCOMCTL.CAB
正在解压  vb60\vb6\COMMON\TOOLS\VB\CABINETS\MSCOMM32.CAB
正在解压  vb60\vb6\COMMON\TOOLS\VB\CABINETS\MSDAO350.CAB
正在解压  vb60\vb6\COMMON\TOOLS\VB\CABINETS\MSDATGRD.CAB
正在解压  vb60\vb6\COMMON\TOOLS\VB\CABINETS\MSDATLST.CAB
```

图 1-60　解压

Windows XP 操作系统和驱动程序安装完毕。第 2 课将介绍应用软件（例如 QQ 拼音输入法，office 2003、2007，QQ，Adobe Reader 阅读器，金山词霸等）的安装，杀毒软件和防病毒软件的安装。防病毒软件安装之后，就可以插上网线，整个重装系统就结束了。以后在学习、工作、生活中，还有软件需要安装，怎么办呢？很简单，随时需要，随时安装。安装时，先拔掉网线，把杀毒软件和防病毒软件关闭（因为这两个软件禁止写注册表，而许多软件是需要写注册表的，所以先关闭），然后安装。安装完成之后，让杀毒软件和防病毒软件重新工作，插上网线，一切就可以了！

1.2　安装 Win 7（64bit）操作系统

64 位计算机安装操作系统，和 32 位计算机安装操作系统，有很大区别。区别在于磁盘分区和格式化硬盘。安装 Win 7 的过程和安装 Windows XP 相似。64 位计算机，分区和格式化分区需要 Windows PE。为此，下面先讲述如何制作 Windows PE 启动 U 盘。

1.2.1　制作 Windows PE 启动 U 盘

Windows PE 是基于 Windows Vista 内核的新一代 Windows 部署环境。Microsoft Windows Pre-installation Environment（Windows PE）2.0 是 Microsoft 开发的一个引导工具，它提供用于安装、故障排除和恢复操作系统的功能，还具有硬盘分区和格式化，消除开机密码等功能。

这里推荐一款"大白菜"软件，制作 Windows PE 启动 U 盘。

制作 Windows PE U 盘，步骤如下：

Step1 找到"大白菜 U 盘启动"文件，双击运行。如图 1-61 所示。

名称	修改日期	类型
diannaodian_v1.0	2012/5/15 23:34	应用程序
Windows PE介绍	2012/12/6 7:47	文本文档
大白菜U盘启动	2011/11/18 14:02	应用程序

图 1-61　双击运行大白菜 U 盘启动

Step2 Win 7 一般有保护功能，将会弹出如图 1-62 所示的安全警告信息，目的是防止病毒程序运行。如果是我们已知的软件运行，单击"是"。

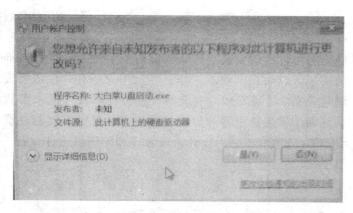

图 1-62　安全警告信息

Step3 在图 1-63 中，单击 "下一步"。

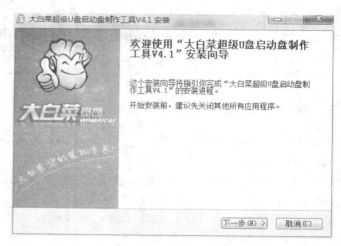

图 1-63　大白菜安装向导

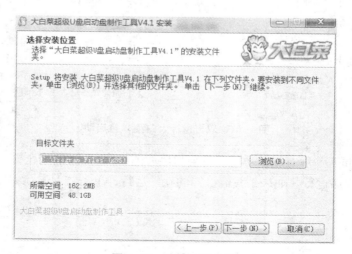

图 1-64　选择安装位置

选择安装位置。这里选择默认位置，单击"下一步"。

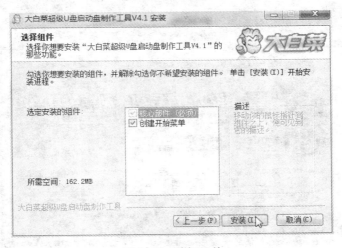

图 1-65　选择组件

选择组件。默认全部选择，单击"安装"。

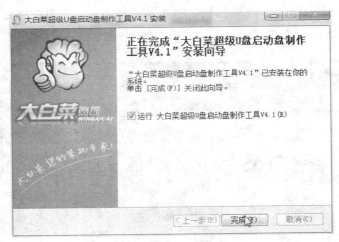

图 1-66　安装完成

安装完成。

双击桌面"大白菜超级 U 盘启动盘制作工具 V4.1"，如图 1-67 所示，运行该
软件。

图 1-67　大白菜软件桌面图标

图 1-68　大白菜超级 U 盘制作

　　根据图 1-68 的提示，插入干净的 U 盘（干净的含义是没有感染病毒）。插入 U 盘之后，如图 1-69 所示。

图 1-69　插入 U 盘之后的变化

　　在图 1-69 中，单击"一键制作 USB 启动盘"。将会出现如图 1-70 所示的"本操作将破坏 U 盘原有数据，且不可恢复。还要继续本操作吗?"，确信 U 盘没有自己需要的数据且干净，单击"确定"。

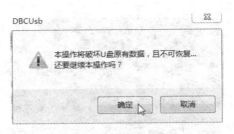

图 1-70　警告信息

图 1-71　制作进度

制作完成，将会看到如图 1-72 所示的提示信息。

图 1-72　制作完成

在图 1-72 中，单击"确定"。启动 U 盘就制作好了。

1.2.2　用 Windows PE 对硬盘分区

分区操作之前，再次确认 C 盘的有用文件已经复制到其他磁盘。

本次操作以 HP 笔记本电脑为例，其他品牌的计算机操作和本次操作相似。

将 Windows PE U 盘插入笔记本电脑，然后开机，屏幕出现的第一个画面如下图 1-73（1）所示，立即按下键盘上的 ESC 键，打开启动菜单如图 1-73（2）所示。

图 1-73　（1）

F1　System　Information
F2　System　Diagnostics

F7　HP　SpareKey
F9　Boot　Device　Options
F10　BIOS　Setup

F12　Network　Boot

ENTER - Continue　Startup

For　more　Information, please　visit:www.hp.com

图 1-73　（2）

在图 1-73 中按下 F9 键，将打开如图 1-74 所示界面。

图 1-74　启动选项

选择 "USB Hard Driver 1" 项，通过 U 盘启动，然后按回车键，打开如图 1-75 所示窗口。

大白菜
WINBAICAI
超级U盘启动
运行 Windows PE(系统安装)
运行 DISKGEN 分区工具
运行 DOS 工具箱
运行 PQ8.05分区魔术师
进入硬件维护工具菜单
运行 Windows登录密码破解
运行一键还原系统
手动选择硬盘多系统引导
启动从硬盘第一引导启动
:: 大白菜U盘启动 智能快速装机 ::
F1 帮助 F2 语言
简体中文

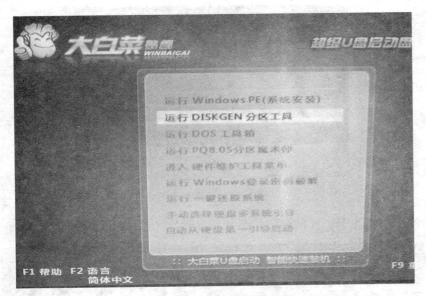

图 1-75 Windows PE 菜单

在图 1-75 中，用光标上、下键选择其中的第 2 项，“运行 DISKGEN 分区工具”，然后按回车键，将打开如图 1-76 所示窗口。从图 1-75 可以看出，Windows PE 还具有消除 Wiondows 登录密码功能（运行 Windows 登录密码破解），一键还原系统功能等。

对于新硬盘可以进行分区，本次操作的硬盘已经分区好了，而且 D 盘、E 盘、F 盘都有重要数据，所以本次操作仅仅是删除 C 盘分区，格式化 C 盘而已。具体步骤如下：

Step1 在图 1-76 中，操作系统提示符为 A：\ >，在提示符后键入 D，“D Diskgenius（智能磁盘管理）”，然后按回车键，如图 1-77 所示。

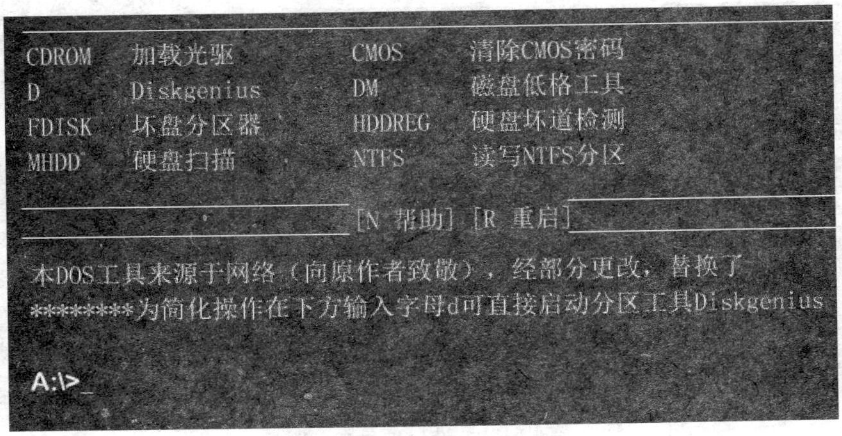

CDROM 加载光驱
D Diskgenius
FDISK 坏盘分区器
MHDD 硬盘扫描
CMOS 清除CMOS密码
DM 磁盘低格工具
HDDREG 硬盘坏道检测
NTFS 读写NTFS分区
[N 帮助] [R 重启]
本DOS工具来源于网络（向原作者致敬），经部分更改，替换了
********为简化操作在下方输入字母d可直接启动分区工具Diskgenius
A:\>_

图 1-76 分区选项

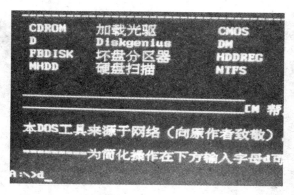

图 1-77 选择菜单 D

Step2 图 1-78 中，可以看到 U 盘和硬盘的分区信息。

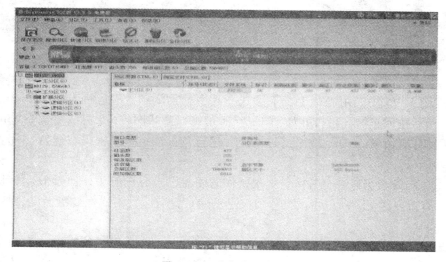

图 1-78 磁盘分区管理

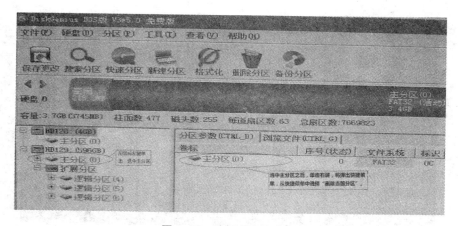

图 1-79 选择硬盘主分区

　　Step3 选中硬盘主分区，在右侧对准主分区单击右键，将打开快捷菜单，如图 1-80 所示。

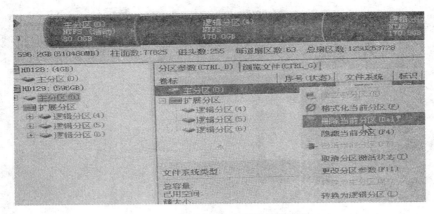

图 1-80　打开磁盘分区的快捷菜单

从快捷菜单中选择"删除当前分区"，将出现如图 1-81 所示的删除分区警告信息，单击"是"。

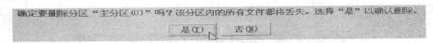

图 1-81　警告信息

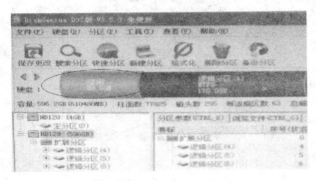

图 1-82　主分区变成了空闲区

从图 1-82 看出，删除主分区之后，主分区部分变成了空闲区。

Step4 对准空闲区，单击右键，将打开如图 1-83 所示的快捷菜单，选择"建立新分区"。

图 1-83　建立新分区

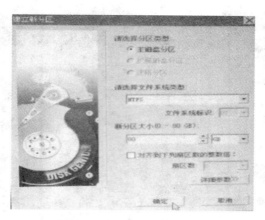

图 1-84　新分区信息

新分区信息，保留默认值（分区类型：主磁盘分区，文件系统类型：NTFS，
分区大小：原来的值），单击"确定"，新分区建立好了。新建分区必须保存，才
能格式化。如图 1-85 所示。

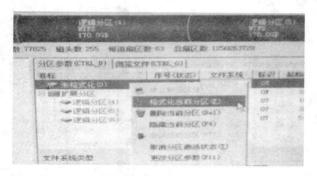

图 1-85　未保存分区信息，不能格式化磁盘

Step5 保存分区表。如图 1-86 所示，选择菜单"硬盘"→"保存分区表"。

图 1-86　保存分区表

出现如图 1-87 所示的提示信息，单击"是"。

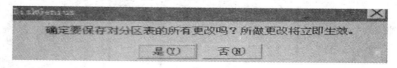

图 1-87　提示信息

Step6 格式化分区。紧接着弹出"是否立即格式化下列新建立的分区"的提示信息，单击"是"，格式化分区（即格式化磁盘）。

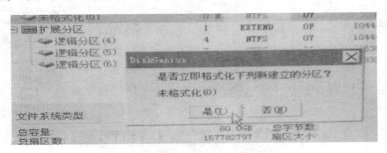

图 1-88 提示信息

格式化操作很快，格式化之后的分区信息如图 1-89 所示。

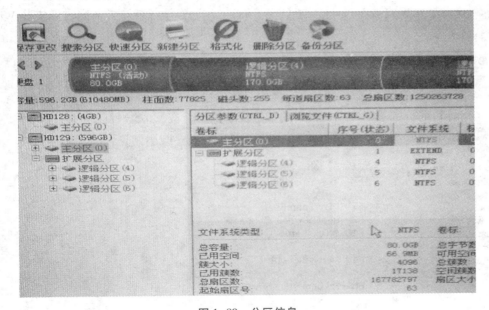

图 1-89 分区信息

Step7 退出 Diskgenius（智能磁盘分区）。选择菜单"文件"→"退出"，如图 1-90 所示。

图 1-90 退出分区管理

分区之后必须重新启动计算机才能生效。在图 1-91 中，单击"立即重启"。

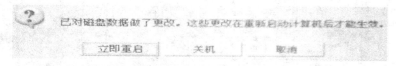

图 1-91　提示信息

回到如图 1-92 所示的 DOS 状态下，将 Win 7 操作系统盘放入光驱，按下电源按钮关机。

图 1-92　回到 DOS 状态

至此，重新安装 Win 7 操作系统的预备工作已经全部就绪，下面讲解安装 Win 7 操作系统。

1.2.3　安装 Win 7（64bit）操作系统

下面讲解安装 Win 7（64 位）操作系统的过程。

Step1 重新启动计算机，将出现如下提示信息，按下 ESC 键。

Press the ESC key for Startup Menu

```
F1   System  Information
F2   System  Diagnostics

F7   HP   SpareKey
F9   Boot  Device Options
F10  BIOS  Setup

F12  Network Boot

ENTER - Continue  Startup

For more Information, please  visit:www.hp.com
```

图 1-93　启动菜单

在图 1-93 中，按下 F9 键，将打开如图 1-94 所示界面。

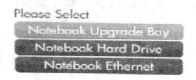

图 1-94　启动选项

在图 1-94 中，选择第一项，"Notebook Upgrade Bay"，按回车键。

Step2 计算机将从光驱启动，这时候将会看到如图 1-95 所示画面，立即按下键盘上的任意一个键。

Press any Key to boot from CD or DVD…

图 1-95　光驱启动提示

Step3 Win 7 操作系统开始装入文件，如图 1-96 所示。

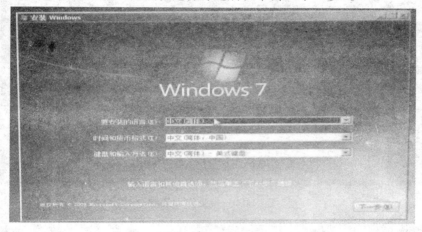

图 1-96　Win 7 装入文件

文件装入完成之后，将会出现如图 1-97 所示的窗口。选择要安装的语言，时间和货币格式，键盘和输入方法，选择好之后，单击"下一步"。

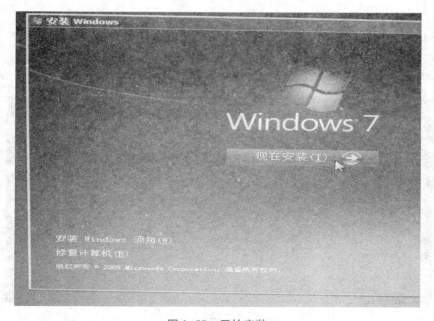

图 1-97　选择安装语言时间键盘

Step4 在图 1-98 中，单击"现在安装"。

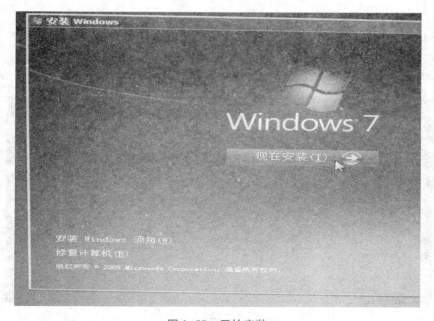

图 1-98　开始安装

Step5 安装程序开始启动，如图 1-99 所示。

图 1-99　安装程序正在启动

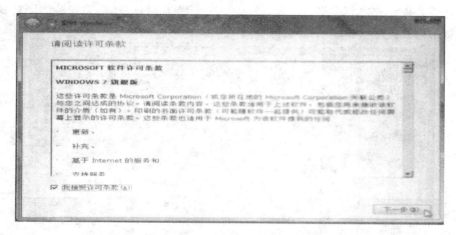

图 1-100　接受许可条款

接受许可条款，然后单击"下一步"。

Step6 选择安装类型。有升级和自定义安装两种类型，如图 1-101 所示，本次操作选择"自定义"安装，即重新安装 Win 7 。点击"自定义"，将打开如图 1-102 所示窗口。

分析："升级"安装的含义是把低版本的操作系统升级为高版本的操作系统，例如 Windows XP 升级为 Win 7 。"自定义"安装的含义是按照自己的需要，安装一个新的操作系统。

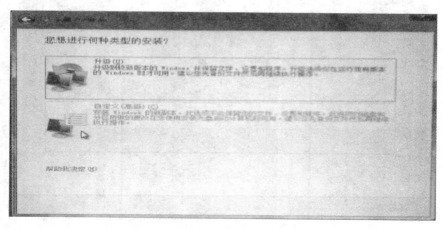

图 1-101　自定义安装

Step7 在图 1-102 中，选择第一项，"磁盘 0 分区 1"，这就是 C 盘。单击"下一步"。

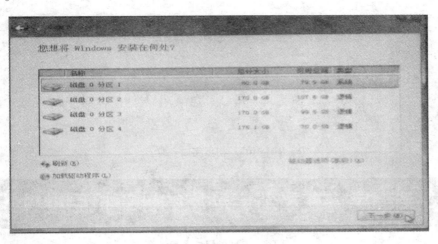

图 1-102　选择磁盘 0 分区 1（C 盘）

Step8 Win 7 首先复制文件，一会儿就完成；然后展开 Windows 文件，这个操作需要十几分钟，请耐心等候。

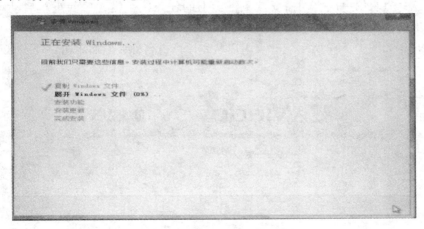

图 1-103　展开文件

文件全部展开之后，如图 1-104 所示。

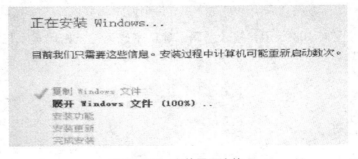

图 1-104　文件展开完毕

Step9 初步安装完成，重启计算机，然后进行简单的设置。

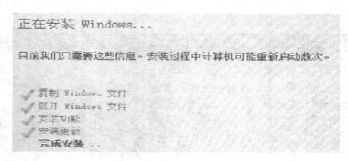

图1-105 初步完成安装

安装程序将在重新启动您的计算机后继续

图1-106 安装过程中重启计算机

重新启动时，将会看到如下提示信息：

Press any Key to boot from CD or DVD…

注意：只有第一次启动需要按下键盘上的任意一个键，后面重新启动均不能按键盘上的任何键。

Step10 如图1-107所示，键入用户名和计算机名称，然后单击"下一步"。

图1-107 输入用户名和计算机名称

Step11 如图1-108所示，输入密码，确认密码，键入密码提示信息，然后单击"下一步"。

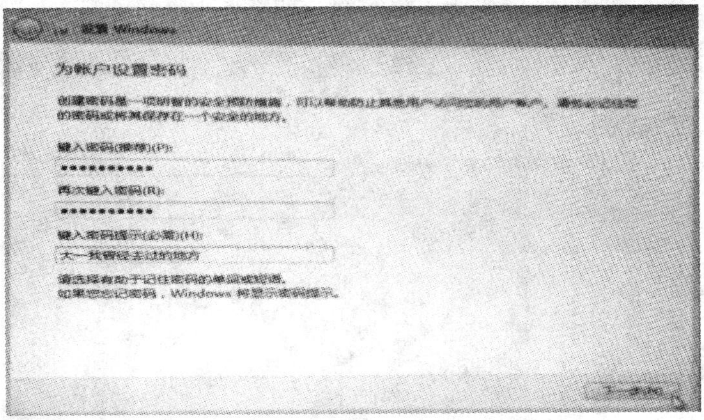

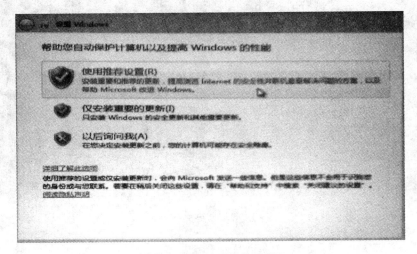

图 1-108　输入密码

Step12 输入产品密钥，然后单击"下一步"。

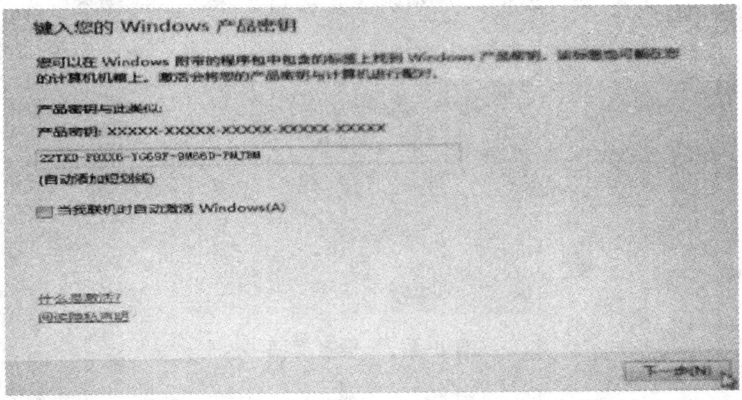

图 1-109　输入产品密钥

Step13 在图 1-110 中，点击第一项"使用推荐设置"。

图 1-110　使用推荐设置

Step14 设置日期和时间，然后单击"下一步"。

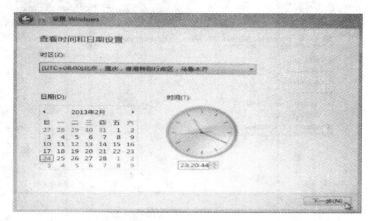

图 1-111　设置日期和时间

Step15 Win 7 开始准备桌面，开始菜单，运行一会，安装结束。如图 1-112 和图 1-113 所示。

图 1-112　准备桌面

图 1-113　安装完成

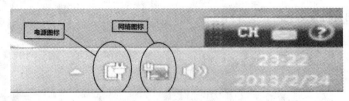

图 1-114　网线断开

因为是拔掉网线安装的，所以安装完成之后，看到网络图标是断开的。

安装完成之后，桌面上只有"回收站"。下面把"计算机"添加到桌面。在桌面上任意空白处，单击右键，将打开桌面快捷菜单，如图 1-115 所示，选择"个性化"。

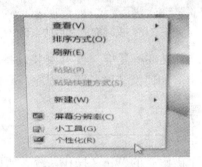

图 1-115　桌面属性

单击"更改桌面图标"，将打开如图 1-117 所示窗口。

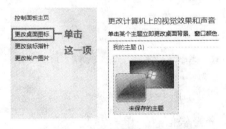

图 1-116　选择更改桌面图标

图 1-117　勾选计算机图标

在桌面图标中，勾选"计算机"，然后单击"确定"。"计算机"图标出现在桌面上。

图 1-118　安装完成之后的桌面

Win 7 安装完成之后，需要破解黑屏。没有安装设备驱动程序，分辨率很低，触摸屏不能使用，后面将讲解如何安装设备驱动程序。

1.2.4　破解 Win 7 黑屏

下面介绍如何破解 Win 7 激活。

因为本次安装的是一个破解版的 Win 7 操作系统，所以安装之后需要激活，破解黑屏。

Step1 在磁盘上找到 Win 7 激活软件，如图 1-119 所示，双击 Win 7 激活破解软件。

图 1-119　windows 7 激活

Step2 出现 Win 7 安全警告信息，单击"是"。

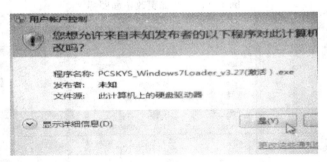

图 1-120　安全警告信息

Step3 将打开程序运行界面，如图 1-121 所示，选择"1. 自动安装"。

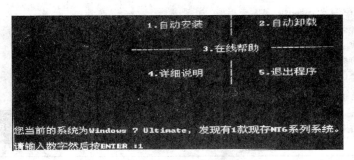

图 1-121　自动安装激活

Step4 自动安装完成之后，将会弹出一个提示信息，如图 1-122 所示，单击"确定"。

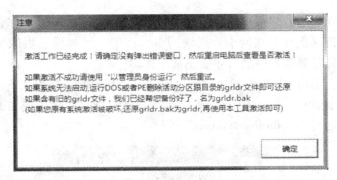

图 1-122　提示信息

Step5 破解完成之后，重新启动计算机。

Step6 查看是否激活。重启计算机成功之后，对准"计算机"单击右键，打开快捷菜单。在快捷菜单中选择"属性"，如图 1-123 所示。

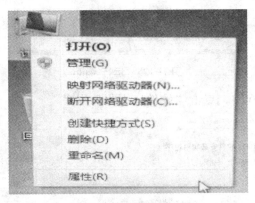

图 1-123　计算机属性菜单

在"计算机基本信息"窗口中，拖动滚动条，查看最下面的"Windows 激活"项，如图 1-124 所示，Windows 已激活。

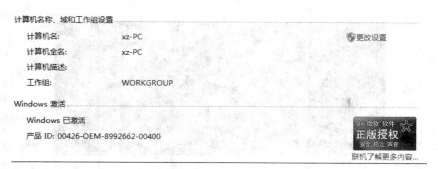

图 1-124 查看激活

1.2.5 安装设备驱动程序

操作系统安装之后，很多设备（例如主板，显卡等）可以工作，但性能不是最佳。有的设备（例如有线网卡、无线网卡、声卡、触摸屏、摄像头等）不能工作，需要安装设备驱动程序之后才能正常工作。

本次操作，利用 HP 提供的驱动程序安装盘进行安装，过程如下：

Step1 在光驱中，放入 HP 驱动程序盘。自动运行，然后出现如图 1-125 所示界面，点击"运行 hpsoftwaresetup.exe"运行。

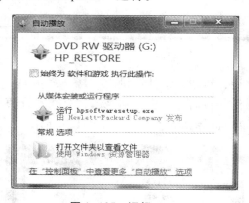

图 1-125 运行 setup

Step2 在图 1-126 中，点击"硬件启用驱动程序"。

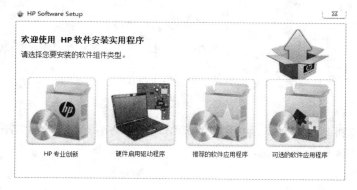

图 1-126 点击硬件启用驱动程序

Step3 用户账户控制，单击"是"。

图 1-127 用户账户控制

Step4 开始安装设备驱动程序。

HP Software Setup

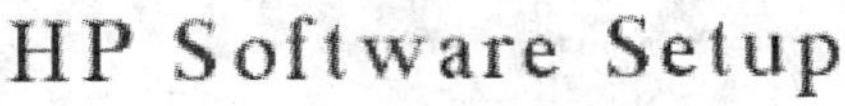

图 1-128 开始安装设备驱动程序

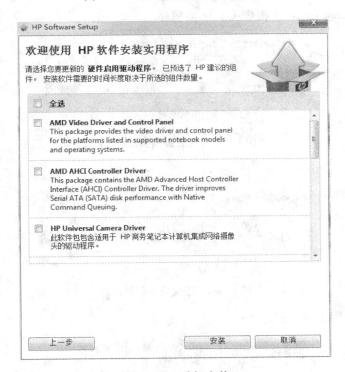

图 1-129 选择安装

用 HP 默认选择，直接单击"安装"。

Step5 逐个安装设备驱动程序，如图 1-130 至图 1-138，可以看到安装了哪些设备驱动程序。

图 1-130　正在安装

安装 Video Driver and Control Panel（显卡驱动）。

图 1-131　安装显卡驱动程序

安装 Camera Driver（摄像头）驱动程序。

图 1-132　安装摄像头驱动程序

安装 Audio Driver（声卡驱动）。

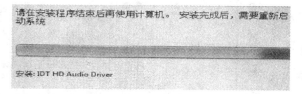

图 1-133　安装声卡驱动程序

安装有线网卡驱动程序。

图 1-134　安装网卡驱动程序

安装笔记本电脑触摸屏驱动程序。

图 1-135　安装触摸屏驱动程序

安装 AMD USB 3.0 驱动程序。

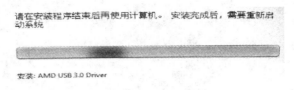

图 1-136　安装 USB 驱动程序

安装 802.11 无线网卡驱动程序。

图 1-137　安装无线网卡驱动程序

安装完成，必须重新启动笔记本电脑才能生效。单击"继续"重新启动计算机。

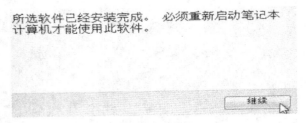

图 1-138　安装完成

在关机过程中，会出现图 1-139 所示的提示信息，不要关闭电源，让计算机自动运行。重新启动之后，设备驱动程序就安装好了。

准备配置 Windows.
请勿关闭计算机。

图 1-139　配置 Windows

1.3　课后练习

【练习项目】熟练掌握操作系统的安装。安装 5 遍之后，就应该非常熟练了。以后计算机瘫痪、运行缓慢、遭受病毒攻击、应用软件运行异常等，就不再害怕了。重装系统，重装应用软件，所有问题立即解决。

第2课　安装常用软件及计算机实用技巧

想一想：您有哪些应用软件需要安装？

第1课介绍了操作系统的安装和设备驱动程序的安装，是拔掉网线安装的。通常，安装了操作系统和设备驱动程序之后，就应该安装常用的应用软件，然后安装杀毒软件和防病毒软件，最后把网线插上，进行防病毒软件升级病毒库和为操作系统安装补丁。因为杀毒软件和防病毒软件禁止写注册表，而安装应用软件是需要写注册表的。如果安装杀毒软件和防病毒软件之后，还有软件需要安装，怎么办呢？很简单，把杀毒软件和防病毒软件临时关闭，然后安装需要的软件，安装之后再把杀毒软件和防病毒软件打开。

这一课介绍常用软件（例如：QQ 拼音或 sogou 拼音输入法，Office 2003，Office 2007，QQ，Adobe Reader 阅读器，金山词霸，迅雷播放器，360 杀毒软件和 360 安全卫士等）的安装，然后介绍一些计算机实用技巧。

在安装应用软件之前，介绍一个小技巧，把图标从任务栏删除。操作方法为：用鼠标对准任务栏上的图标，按住左键往外拖曳，将弹出一个菜单，松开左键，菜单显示在屏幕上，选择"将此程序从任务栏解锁"，如图 2-1 所示，图标将从任务栏消失。

图 2-1　从任务栏删除图标

将图标添加到任务栏。任务栏上的图标，有快速启动的功能，如果要将图标添加到任务栏，只需按住左键将图标拖曳到任务栏，放开左键即可。如图 2-2、图 2-3 所示。

图 2-2　拖曳图标

图 2-3　向任务栏添加图标

2.1　安装输入法

汉字输入法有很多，例如王码五笔输入法、QQ 拼音输入法、sogou 输入法等，这里介绍 QQ 拼音纯净版输入法。

Step1 在磁盘上找到 QQ 拼音纯净版安装程序，对准"QQPinyin_ 纯净版"图标双击左键，如图 2-4 所示。

	QQPinyin_Setup_31_730	2010/4/13 22:07	应用程序
	QQPinyin_纯净版	2012/8/17 23:42	应用程序

图 2-4　安装 QQ 拼音输入法

Step2 安装时，Win 7 会弹出一个安全警告信息，如图 2-5 所示，选择"是"。在 Win 7 下安装软件，都会弹出一个类似的安全警告信息，"您要允许以下程序对此计算机进行更改吗？"，因为是我们已知的程序要对计算机进行修改，所以单击"是"，后面一律这样操作。

图 2-5　安全警告信息

Step3　在图 2-6 中，单击"下一步"。

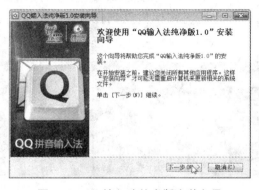

图 2-6　QQ 输入法纯净版安装向导

Step4 在图 2-7 中，是关于许可协议的，单击"我接受"。

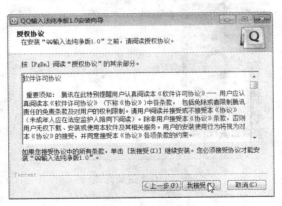

图 2-7　许可协议

Step5 如图 2-8 所示，选择安装位置。这里选择默认安装位置，用户也可以单击"浏览"，选择其他位置。单击"安装"。

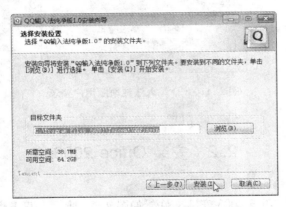

图 2-8　选择安装位置

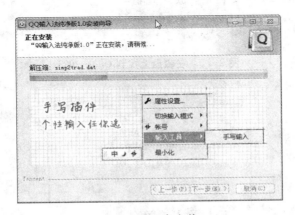

图 2-9　正在安装

Step6 安装完成。如图 2-10 所示，单击"完成"，将会弹出如图 2-11 所示的"QQ 输入法纯净版用户登录"，单击右上角的"关闭"，关闭该窗口，安装完成。

图 2-10　安装完成

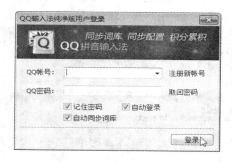

图 2-11　QQ 输入法纯净版用户登录

2.2　安装 Office 2003

在磁盘上找到 Office 2003 安装文件，如图 2-12 所示，双击运行。如果是通过光盘安装，将 Office 2003 安装光盘放入光驱。

OFFICE2003_SP3_4in1　　　　　2010/12/23 0:00　　　应用程序

图 2-12　在磁盘上找到 Office 2003

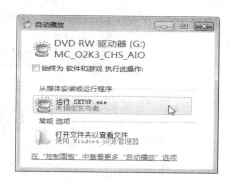

图 2-13　运行 SETUP.exe

Step1 在图 2-14 中，选择"Office 2003"。

图 2-14　Office 2003 安装菜单

Step2 如图 2-15 所示，产品密钥已经填写好了，不需要用户输入，直接单击"下一步"。

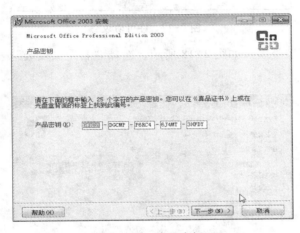

图 2-15　产品密钥

Step3 输入用户名和单位名称，如图 2-16 所示，然后单击"下一步"。

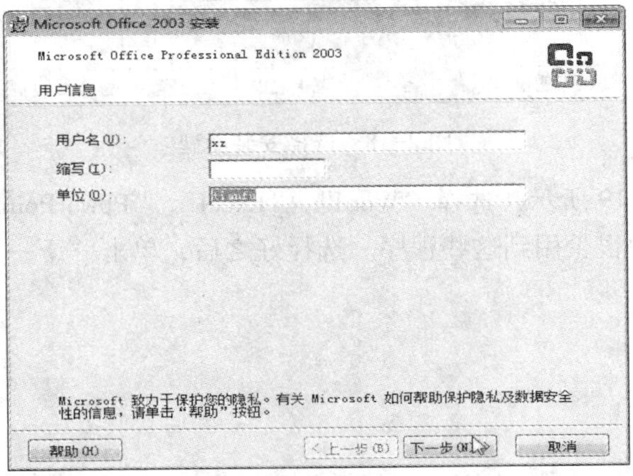

图 2-16　输入用户名和单位名称

Step4 最终用户许可协议。如图 2-17 所示，勾选"我接受《许可协议》中的条款"，然后单击"下一步"。

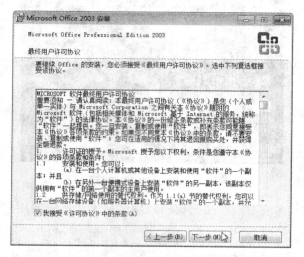

图 2-17　许可协议

Step5 选择安装类型。如图 2-18 所示，选择"自定义安装"，然后单击"下一步"。

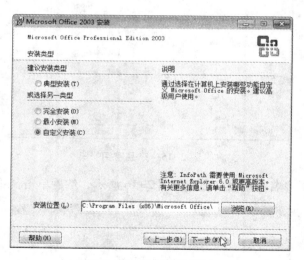

图 2-18　选择安装类型

Step6 如图 2-19 所示，选择"Word"，"Excel"，"PowerPoint"，"Access"，其他不要选择，因为很少用到这些程序。选择好之后，单击"下一步"。

图 2-19 选择安装 Office 2003 应用程序

Step7 确认需要安装的 Office 2003 应用程序，如图 2-20 所示，单击"安装"。

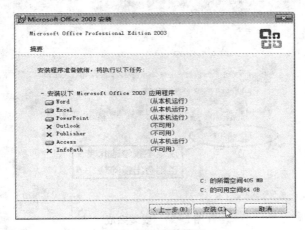

图 2-20 安装摘要

Step8 如图 2-21、图 2-22、图 2-23 所示，安装程序在安装过程中，将会显示安装进度，修改注册表，直到完成。

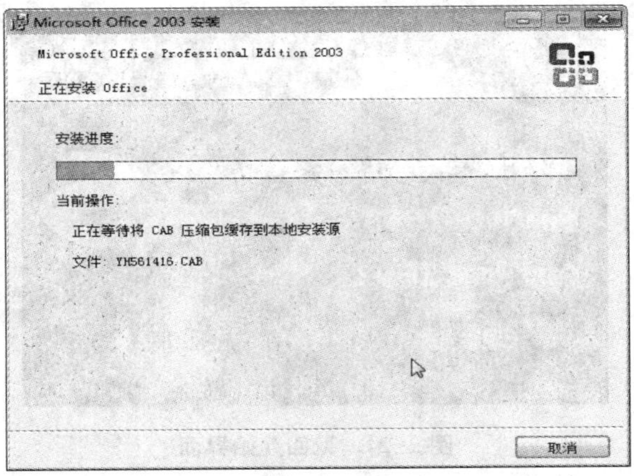

图 2-21 安装进度

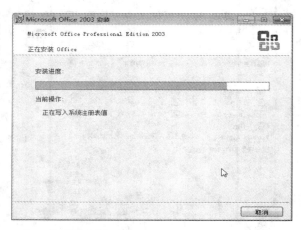

图 2-22 正在写入注册表

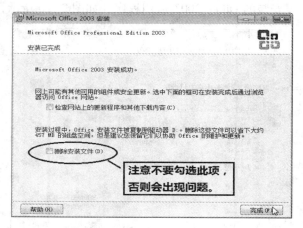

图 2-23 安装完成

在图 2-23 中，注意不要勾选"删除安装文件"，否则后面运行 Word，Excel，PowerPoint，Access 等程序时，会出现问题。单击"完成"，将回到安装的起始界面，如图 2-24 所示。

图 2-24 返回起始界面

在图 2-24 中，单击"退出菜单"，安装结束。

2.3　安装 Office 2007

在一台计算机上，可以同时安装 Office 2003 和 Office 2007，安装后都能够正常使用。下面介绍 Office 2007 的安装。在磁盘上，找到 Office 2007 软件的文件夹，打开，可以看到里面的文件如图 2-25 所示。安装 Office 2007，需要手动输入产品密钥，为此，双击"Office 2007 安装密码"记事本文件。

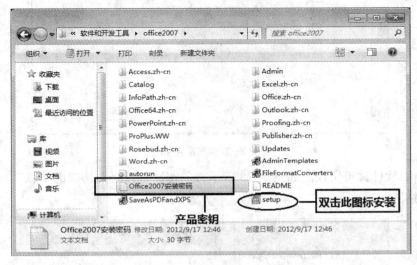

图 2-25　Office 2007

如图 2-26 所示，是 Office 2007 的产品密钥，全部选中，然后按 Ctrl+C 复制。

图 2-26　产品密钥

Step1 如图 2-25 所示，双击"setup"开始安装，出现如图 2-27 所示窗口。需要输入产品密钥，在输入框中把刚才复制的"产品密钥"粘贴出来，密钥正确的话在输入框右边将会出现一个"√"，然后单击"继续"。

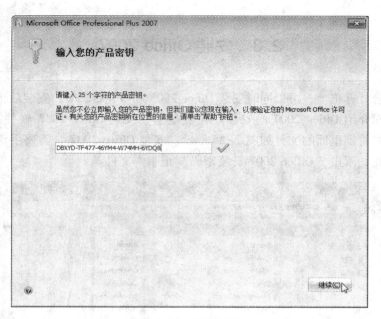

图 2-27　产品密钥

Step2 软件许可协议。如图 2-28 所示，勾选"我接受此协议的条款"，然后单击"继续"。

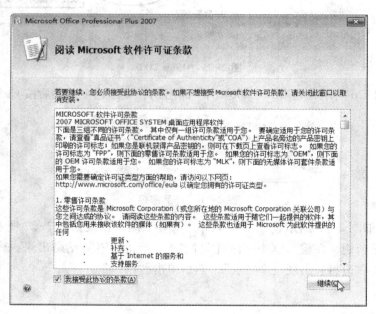

图 2-28　许可协议

Step3 选择安装类型。如图 2-29 所示，因为要同时使用 Office 2003 和 Office 2007，不能选择"升级"，升级的含义是将 Office 2003 升级为 Office 2007，安装后只有 Office 2007，所以本次安装选择"自定义"。

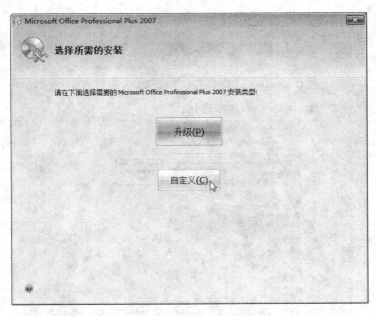

图 2-29　选择安装类型

Step4 询问是否保留早期版本。如图 2-30 所示，选择"保留所有早期版本"，然后单击"立即安装"。

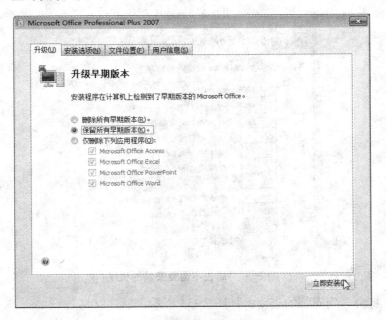

图 2-30　询问是否保留早期版本

Step5 在 Office 2007 套件中，有些程序（InfoPath，Outlook，Publisher）平时用不着，可以不用安装。如何从安装中去掉这些程序呢？如图 2-31 所示，单击"Microsoft Office InfoPath"对应的下三角，将打开一个菜单，从中选择"不可用"。"Microsoft Office Outlook"和"Microsoft Office Publisher"同理操作，操作之后如图

2-32 所示；然后单击"立即安装"。

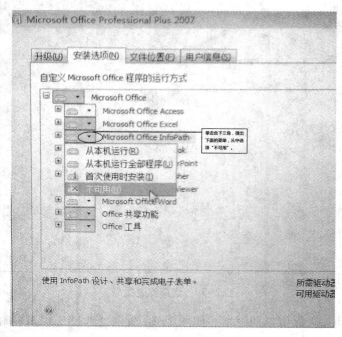

图 2-31　从安装中删除 InfoPath

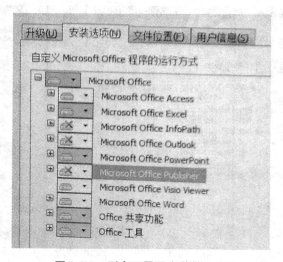

图 2-32　删去不需要安装的程序

Step6 将会看到安装的进度，如图 2-33 所示。

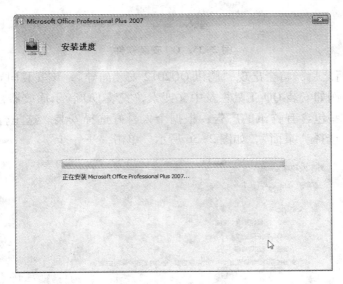

图 2-33　安装进度

Step7 等待一段时间，将会出现如图 2-34 所示的安装完成的界面，单击"关闭"，完成安装。

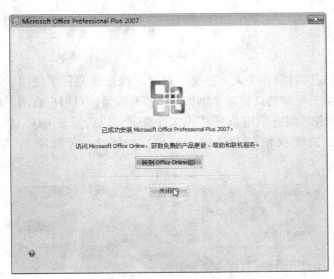

图 2-34　安装成功

2.4　安装腾讯 QQ

从腾讯网站下载 QQ 安装软件到本地磁盘上，然后安装。这里以"QQ2012Beta3"的安装为例，其他版本的安装和这里讲解的基本相似。双击"QQ2012Beta3"图标，Win 7 会出现安全警告信息，单击"是"即可。

QQ2012Beta3

图 2-35　QQ 安装软件

Step1 运行之后，将会出现"腾讯 QQ2012 安装向导"，该安装向导附加了腾讯的很多东西，例如安装 QQ 工具栏及中文搜索，安装 QQ 音乐播放器，安装腾讯视频播放器，这些包含有腾讯的广告，根据个人喜好选择安装。这里，只在"快捷方式选项"下选择"桌面"，如图 2-36 所示。单击"下一步"。

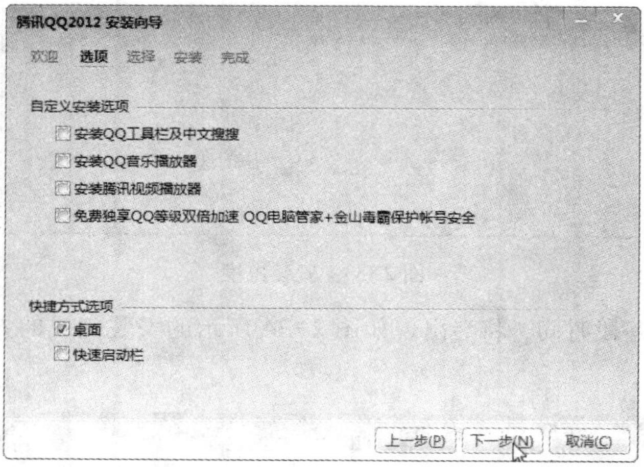

图 2-36

Step2 程序安装目录和个人文件夹。这里，程序安装目录使用默认目录。个人文件夹，因为用于保存消息记录，例如 QQ 聊天数据，对用户有用，所以选择"自定义"，然后单击"浏览"定位到其他文件夹下，以后重装 QQ，个人文件夹还选用这个文件夹，就能保留以前的聊天数据。如图 2-37 和图 2-38 所示。单击"安装"。

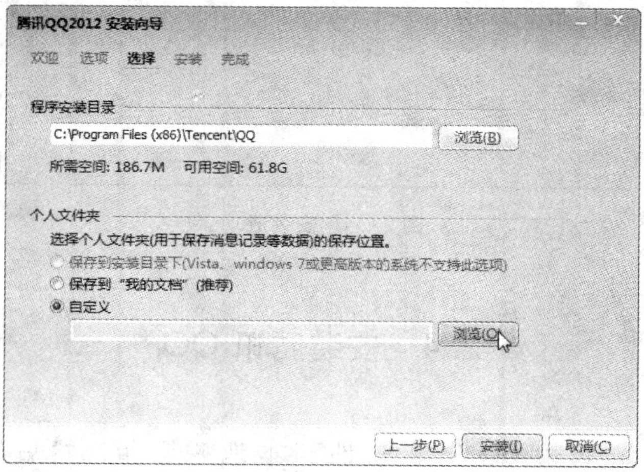

图 2-37　选择安装目录和个人文件夹

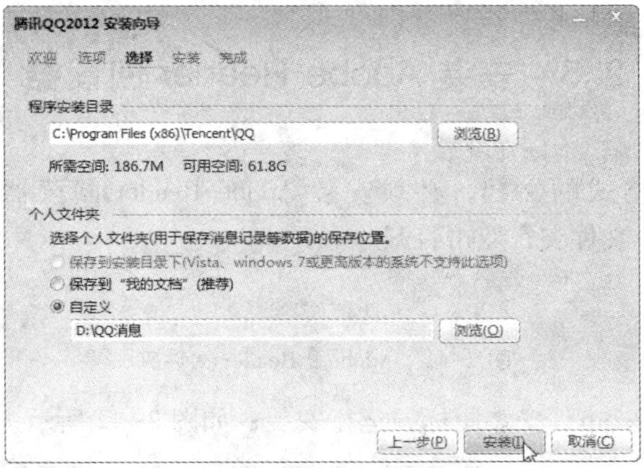

图 2-38 重新选择个人文件夹

Step3 QQ 程序开始安装，如图 2-39 所示，会出现安装进度。

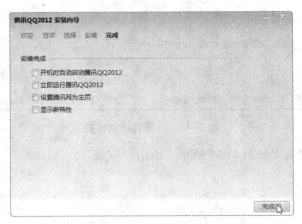

图 2-39 安装进度

Step4 运行一段时间，会出现如图 2-40 所示的界面。在"安装完成"下，不要选中任何选项。最后单击"完成"，QQ 安装好了。

图 2-40 安装完成

2.5　安装 Adobe Reader 阅读器

要阅读 PDF 格式的文档，必须安装 Adobe Reader 阅读器。在磁盘上找到"Adobe 9 Reader"文件夹，双击打开。

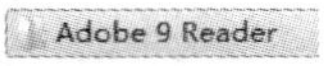

图 2-41　Adobe 9 Reader 文件夹

Step1 双击"Setup"安装图标，运行安装，如图 2-42 所示。

图 2-42　运行 Setup

Step2 选择目的文件夹，即安装目录。这里就用默认的目录，单击"下一步"。

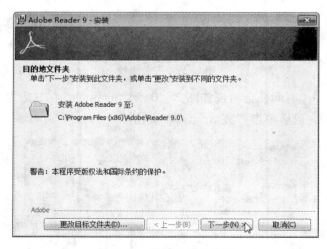

图 2-43　选择目的文件夹

Step3 准备安装。如图 2-44 所示，单击"安装"。

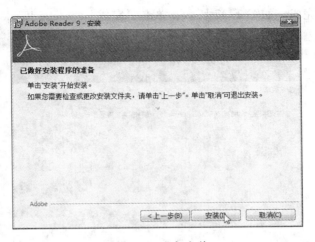

图 2-44　准备安装

Step4 安装程序将会运行一段时间，出现安装进度条，如图 2-45、图 2-46 所示。

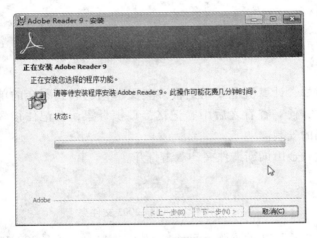

图 2-45　安装进度

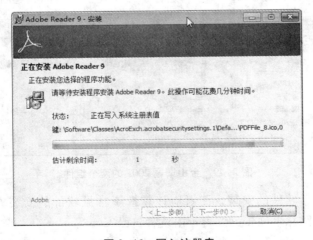

图 2-46　写入注册表

Step5 安装完成。如图 2-47 所示，单击"完成"，Adobe Reader 安装成功。

图 2-47　安装完成

2.6　安装金山词霸

英语非常重要，计算机也要用到很多英文单词。遇到不会的单词，使用金山词霸查看，非常方便。查看之后用心记忆，日积月累，会记住很多英文单词。下面介绍金山词霸的安装。

在磁盘上找到金山词霸文件夹，双击打开。

图 2-48　金山词霸 2003 文件夹

"金山词霸 2003"文件夹下有两个文件夹，"金山词霸 2003PRO"是安装文件，先安装。"金山词霸 2003.SP1"是补丁，安装了金山词霸之后，再打补丁。

图 2-49　金山词霸 2003 的两个组件

通过上面几个软件的安装，读者应该掌握了常见软件的安装方法。这里，安装金山词霸就把注意事项告诉读者，由读者自己安装。

注意事项：安装过程中需要序列号。为此，在安装之前，先打开 sn 记事本文件，如图 2-50、图 2-51 所示。在图 2-51 中，复制任意一组序列号，后面安装过程中，需要序列号时再粘贴出来。复制好序列号之后，双击"Setup"图标开始安装。

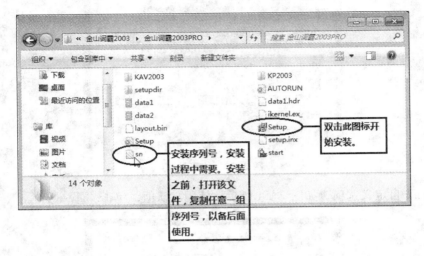

图 2-50 安装文件

图 2-51 序列号

2.7 安装迅雷播放器

迅雷播放器，是一款很好的视频播放器，目前各种格式的视频都可以播放。

安装时，Win 7 首先会弹出安全警告信息，如图 2-52 所示，单击"是"。

图 2-52 安全警告信息

Step1 许可协议。如图 2-53 所示，单击"接受"按钮。

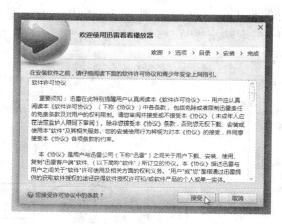

图 2-53 许可协议

Step2 自定义选项。如图 2-54 所示，使用默认值，单击"下一步"。

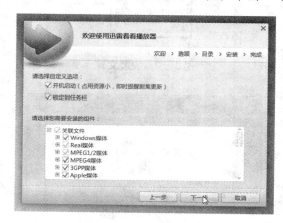

图 2-54 自定义选项

Step3 选择安装目录和缓存目录。用户选择好程序安装目录和缓存目录后，单击"下一步"。

图 2-55 选择安装目录和缓存目录

Step4 安装进度。

图 2-56　安装进度

Step5 安装完成。不选择设"迅雷网址导航"为首页，勾选其他两项，然后单击"完成"。

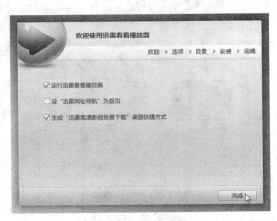

图 2-57　安装完成

2.8　安装 360 杀毒软件和 360 安全卫士

自己需要的应用软件安装完毕之后，就可以安装杀毒软件和防病毒程序了。360 杀毒软件和 360 安全卫士是一款免费的软件，下面介绍如何安装。

Step1 从 360 网站下载 360 杀毒软件和 360 安全卫士到本地磁盘，然后双击安装。首先安装 360 杀毒软件。安装时，Win 7 会弹出安全警告信息，单击"是"。

Step2 许可协议。如图 2-58 所示，勾选"我已阅读并同意软件安装协议"，单击"下一步"。

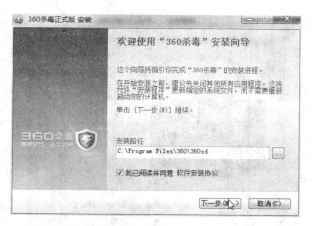

图 2-58　许可协议

Step3 安装进度。

图 2-59　安装进度

Step4 360 杀毒软件安装过程中，会提示安装 360 安全卫士。如图 2-60 所示，勾选"安装 360 安全卫士"，单击"下一步"。

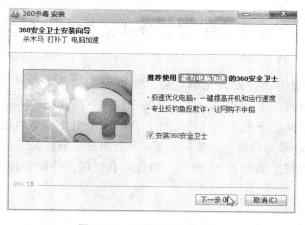

图 2-60　安装 360 安全卫士

Step5 安装过程中，会出现 360 杀毒软件的介绍，如图 2-61 所示。

图 2-61　360 杀毒软件介绍

Step6 360 安全卫士安装完成。如图 2-62 所示，单击"完成"。

图 2-62　安装完成

Step7 运行 360 安全卫士，进行电脑体检。体检完成之后，插上网线，进行病毒库升级和安装补丁，如图 2-63 所示。

图 2-63　运行 360 安全卫士

2.9　计算机实用技巧

在计算机使用过程中，一般掌握的都是计算机的常用操作，例如 Windows 的常用操作，Office 的常用操作等。计算机还有一些操作，例如远程桌面连接，远程资源共享，如何结束一个任务，使用键盘命令如何截屏，计算机蓝屏如何处理，计算机黑屏如何处理，如何查看计算机的 IP 地址、DNS 地址，如何给 IE 加口令等。这些操作很实用，通常称之为计算机实用技巧，掌握好了，计算机水平自然提高了。

使用远程桌面可以在其他计算机上访问您自己计算机上运行的 Windows 会话。这意味着您可以在机房连接到自己宿舍的计算机（宿舍计算机必须工作），在机房就像在宿舍一样使用自己的电脑。也意味着您可以从家里连接到工作计算机，并访问所有程序、文件和网络资源，就像坐在工作计算机前面一样。您可以让程序在工作计算机上运行，回家后在家庭计算机上就可以看到正在运行该程序的工作计算机的桌面。

远程资源共享，顾名思义是其他人可以共享你的资源，你也可以共享其他人的资源。要进行远程共享，只需要把欲共享的磁盘、文件夹或文件的属性设置为共享即可。

下面逐一介绍这些实用技巧。

2.9.1　远程桌面

使用远程桌面，必须安装有远程桌面连接软件，Windows XP 自动安装好了。

要使用远程桌面，必须允许远程桌面连接，另外还必须设置用户名和密码。

　　连接到宿舍计算机时，远程桌面将自动锁定该计算机，这样其他任何人都无法在您不在场时访问您的程序和文件。返回宿舍计算机后，可以按 Ctrl+Alt+Del 解除锁定。

2.9.1.1　Windows XP 远程桌面连接

Windows XP 打开远程桌面连接的方法：对准"我的电脑"，单击右键，在弹出的快捷菜单中选择"属性"，打开如图 2-64 所示界面。

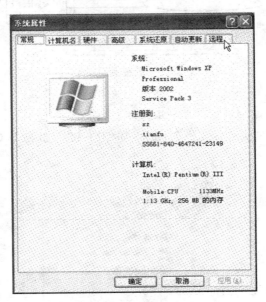

图 2-64　系统属性

　　在图 2-64 中，单击"远程"选项卡，打开如图 2-65 所示窗口。在"远程桌面"分组中，勾选"允许用户远程连接到此计算机"，然后单击"确定"。

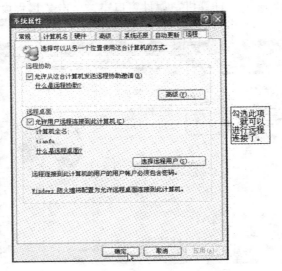

图 2-65　设置远程桌面

如何打开"远程桌面连接"呢？

Windows XP 操作如下：依次打开"开始"→"所有程序"→"附件"→"远程桌面连接"，打开之后如图 2-66 所示。输入要连接的计算机的 IP 地址，单击"连接"，后面根据提示输入密码即可。

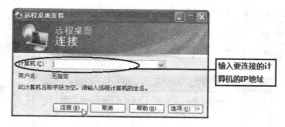

图 2-66　远程桌面连接

2.9.1.2　Win 7 远程桌面连接

Win 7 远程桌面连接有以下几个步骤：

Step1 在桌面，对准"计算机"图标，单击右键，如图 2-67 所示。从快捷菜单中选择"属性"。

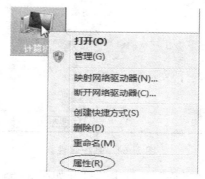

图 2-67　打开"计算机"属性

Step2 在图 2-68 所示"计算机"属性窗口中，单击"远程设置"，将打开如图 2-69 所示窗口。

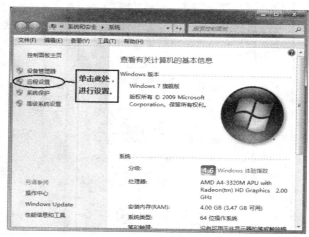

图 2-68　远程设置

Step3 在图 2-69 中，选择"允许运行任意版本远程桌面的计算机连接"，将会弹出如图 2-70 所示的提示信息。

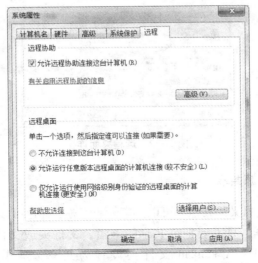

图 2-69　允许远程桌面连接

Step4 在图 2-70 中，根据提示信息"计算机睡眠或休眠时，将无法进行远程桌面连接"，因为这个原因，所以应该到"电源选项"把计算机设置没有睡眠或休眠。在图 2-70 中，单击"确定"。

图 2-70　计算机睡眠或休眠，将无法远程桌面控制

Step5 Win 7 远程桌面连接，通过"附件"的"远程桌面连接"进行操作，如图 2-71 所示。

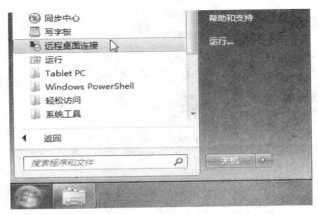

图 2-71　Win 7 远程桌面连接

　　Step6 在图 2-72 中，输入要连接的计算机的 IP 地址，然后单击"连接"，后面根据提示输入密码即可。

图 2-72　远程桌面连接

2.9.2　远程资源共享

　　远程共享，顾名思义是其他人可以共享你的资源，你也可以共享其他人的资源。
　　要进行远程共享，只需要把欲共享的磁盘，文件夹或文件的属性设置为共享即可。例如：要把 D:\kankan 文件夹设置为共享。操作如下：用鼠标对准 kankan 文件夹，单击右键，将会弹出一个快捷菜单，如图 2-73 所示。在快捷菜单中选择属性，将打开如图 2-74 所示界面。

图 2-73　文件夹属性

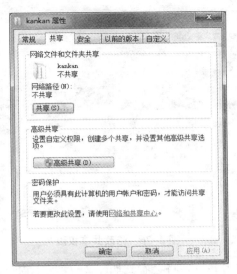

图 2-74　文件共享

在图 2-74 中，既可以设置"共享"，也可以设置"高级共享"。这里，以设置"共享"为例进行讲解。单击"共享"，将会打开如图 2-75 所示窗口。

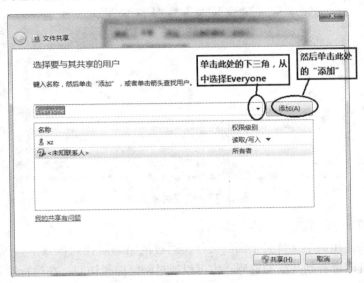

图 2-75　设置共享

在图 2-75 中，单击"添加"按钮，将会把"Everyone"添加到共享名单中，含义是任何人都可以共享此文件夹，如图 2-76 所示。一般，开放给所有人的权限为"读取"即可，其他计算机就可以看到这个文件夹下的文件，并可以进行复制。读者也可以单击右侧的下三角，修改权限，如图 2-76 所示。

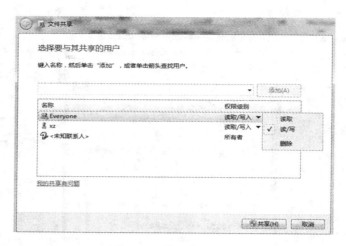

图 2-76 修改共享权限

在图 2-76 中，单击共享，将会看到如图 2-77 所示窗口。

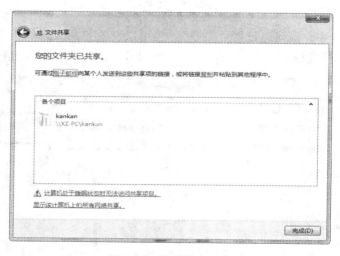

图 2-77 设置共享完成

在图 2-77 中，单击"完成"即可。

其他人要使用共享文件夹里面的文件，通过网络邻居找到欲共享资源的计算机，打开该计算机即可看到共享的资源；也可以通过网络路径访问，在运行输入框中输入 //计算机名或//IP 地址，如图 2-78 所示，单击"确定"即可看到共享文件夹了。

图 2-78 通过网络查找共享资源

2.9.3　计算机蓝屏如何处理

故障现象：启动之后出现蓝屏，有的显示 0E 或 0D 错误。

故障原因：主板或内存错误，或操作系统出错。

解决方法：恢复注册表或重装系统。如果重装之后，蓝屏依然存在，则用替换法排除硬件原因。如果是笔记本电脑，只有送维修部检测。

2.9.4　计算机黑屏如何处理

计算机黑屏，一般是安装 Windows 破解版软件，然后通过打补丁，安装了 Windows 正版验证补丁，激活了 Windows 黑屏模块，致使计算机黑屏。处理方法是破解 Windows 激活功能，参见 1.2.4 破解 Win 7 黑屏。

2.9.5　如何查看计算机的 IP 地址

计算机远程桌面连接和远程资源共享，都需要 IP 地址，下面介绍如何查看计算机的 IP 地址和 DNS 地址（域名服务器地址）。

依次单击"开始"→"运行"，如图 2-79 所示。

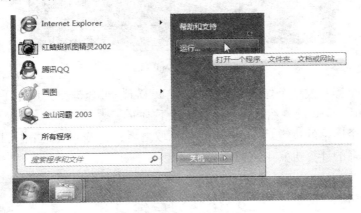

图 2-79　打开"运行"

如图 2-80 所示的运行窗口中，在"打开"右侧的文本框中输入 cmd，然后单击"确定"，将会打开命令行运行窗口，如图 2-81 所示。

图 2-80　运行窗口

在图 2-81 所示的命令行运行窗口中，在操作系统提示符"＞"后面键入 ip-config/all 命令，将会看到 IPv4 的地址，DNS 服务器地址等。

图 2-81　ipconfig 命令

结束一个程序或一个任务的是"Ctrl+Alt+Del"组合键，先用左手中指和食指分别按住 Ctrl 和 Alt 键，然后用右手食指按下 Delete 键。

抓取整个屏幕的按键是 Ctrl+Alt+A，抓取之后，在 Word 文档中可以粘贴出来。

还有很多的计算机实用技巧，留给读者自己去收集。

2.10　课后练习

【练习项目 1】重装系统之后，在自己的计算机上练习安装 QQ 拼音输入法或 sogou 输入法，安装 QQ，安装 Office 2003 或 Office 2007，安装 Adobe Reader 阅读器，安装金山词霸，安装视频播放器以及自己需要的其他软件，安装杀毒软件和防病毒软件。

【练习项目 2】在学习、工作中，注意收集计算机的一些实用技巧，提高自己计算机的操作能力。

第 3 课　Photoshop cs2 简介及安装

　　Adobe Photoshop 是美国 Adobe 公司开发的图片创作、加工、修饰及美化的功能强大的一款软件。每当提到照片美工，人们就想到 Photoshop 。Photoshop cs2，其中 cs 的含义是 Creative Suite ，之所以选用这一个版本的软件，是因为这是我们能找到的功能最齐全的一款软件。目前流行的 Photoshop cs3、Photoshop cs4、Photoshop cs5、Photoshop cs6 等，因为功能不齐全而没有采用。Photoshop cs3、Photoshop cs4、Photoshop cs5、Photoshop cs6 的操作和 Photoshop cs2 的操作非常相似，只要学好了 Photoshop cs2 ，那么 Photoshop cs3、Photoshop cs4、Photoshop cs5、Photoshop cs6 自然会操作。

　　Photoshop cs2 包括两个软件：Photoshop 和 ImageReady。Photoshop 主要功能是照片美工，照片合成，照片修补，图片创作，海报创作，广告创作等；ImageReady 主要功能是动画制作。

　　想一想：如何学好 Photoshop？

　　笔者的经验是，首先找到 Photoshop cs2 的安装软件，在自己使用的计算机上安装该软件；然后找一本介绍 Photoshop 的书籍，跟着书学习基本的操作；下一步从网络上找一些自己感兴趣的 Photoshop 的应用，学会如何操作；最后，经过反复练习，Photoshop 得心应手了，就可以加工自己或同学、朋友的照片，创作一些海报、广告画，这时候，您已经是 PS 高手了！

　　笔者的学习经验不知道是否和您一样。找到适合自己的学习方法，静心学习 Photoshop。学习 Photoshop 应该是一个愉快的过程！

3.1　安装 Photoshop cs2 之前的预备工作

　　安装 Photoshop cs2 之前，先拔掉网线（拔掉网线是为了防止关闭防病毒软件例如 360 安全卫士时计算机中病毒），关闭杀毒软件、安全卫士、防火墙等。因为杀毒软件、安全卫士、防火墙等软件为了保护电脑，禁止改写 Windows 注册表，而 Photoshop cs2 的安装是需要改写注册表的，所以安装之前先关闭杀毒软件、安全卫士、防火墙等。安装 Photoshop cs2 成功之后，再插上网线，启动杀毒软件、安全卫士、防火墙等。

3.2　安装 Photoshop cs2

　　下面以 Win 7 下安装 Photoshop cs2 9.0 为例进行讲解（Windows XP 安装 Photoshop cs2 9.0 的步骤和 Win 7 差不多，只不过在安装过程中需要激活，参考安装的 Step 15）。该软件在 Windows XP，Windows 2000，Windows Server 2003，Win 7 32 位，Win 7 64 位等操作系统下都可以安装，安装过程都是一样的。这是一个破解版的软件，安装很容易，破解注册稍微难一点。下载 Photoshop cs2，然后打开 Photoshop cs2 安装软件文件夹，如图 3-1 所示。

Step 1 在图 3-1 中，双击运行"Autorun"，打开如图 3-2 所示界面。

图 3-1　该软件的几个文件

Step 2 在图 3-2 中，先点击"Photoshop cs2 9.0 注册机"，因为安装过程中需要注册，使用该注册机产生注册码，打开如图 3-3 所示界面。

图 3-2　Photoshop cs2 9.0 安装欢迎界面

Step 3 在图 3-3 中，单击中间用椭圆标示出的下三角，打开下拉列表。在下拉列表中，选择"Photoshop cs2 9.0"。

图 3-3　Photoshop cs2 9.0 简体中文版注册机

Step 4 需要激活的软件为"Photoshop cs2 9.0",所以选择"Photoshop cs2 9.0",如图 3-4 所示。留待后面安装过程需要激活的时候使用。

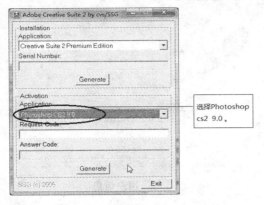

图 3-4　选择 Photoshop cs2 9.0

Step 5 在图 3-2 中,点击"安装 Photoshop cs2 9.0 简体中文版",运行一会,打开如图 3-5 所示的界面。

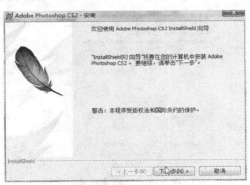

图 3-5　安装向导第一步

Step 6 在图 3-5 中,单击"下一步",打开如图 3-6 所示界面。
Step 7 在图 3-6 中,单击"接受"按钮。

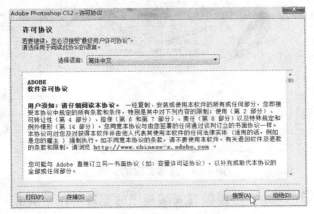

图 3-6　许可协议

Step 8 在图 3-7 中，可以不做任何修改，直接单击"下一步"。

图 3-7　用户信息

Step 9 在图 3-8 中，选择安装的目标文件夹，默认安装在 C 盘下，单击"下一步"。读者根据 C 盘的大小，单击"更改"，可以安装到其他盘下。

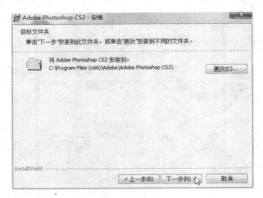

图 3-8　目标文件夹

Step 10 在图 3-9 中，关联的文件已经选择好，只需单击"下一步"。

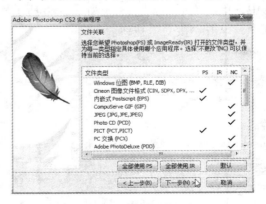

图 3-9　选择关联的文件

Step 11 在图 3-10 中，已经做好安装程序的准备工作，单击"安装"按钮开始安装。

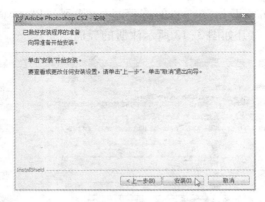

图 3-10　准备开始安装

Step 12 如图 3-11 所示，正在复制文件，需要等一会。

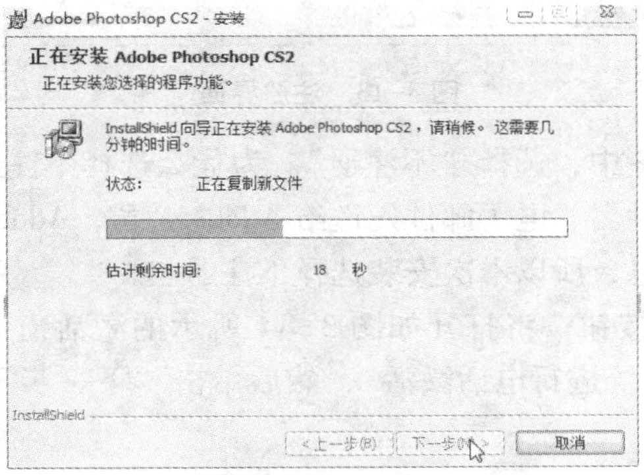

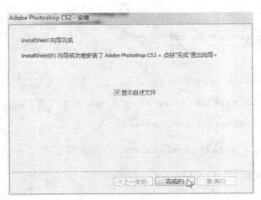

图 3-11　复制文件

Step 13 复制文件完成之后，安装帮助文件，之后出现如图 3-12 所示安装成功的界面。

图 3-12　安装完成

　　注意：Windows XP 安装 Photoshop cs2 9.0 是在安装过程中激活，Win 7 在安装过程中不需要激活，安装完成之后，第一次运行 Photoshop cs2 时需要激活，激活只需要一次，以后不需要。

Step 14 依次单击"开始"→"所有程序"，找到"Photoshop cs2 9.0"，开始运行程序，过一会将打开如图 3-13 所示注册的界面。

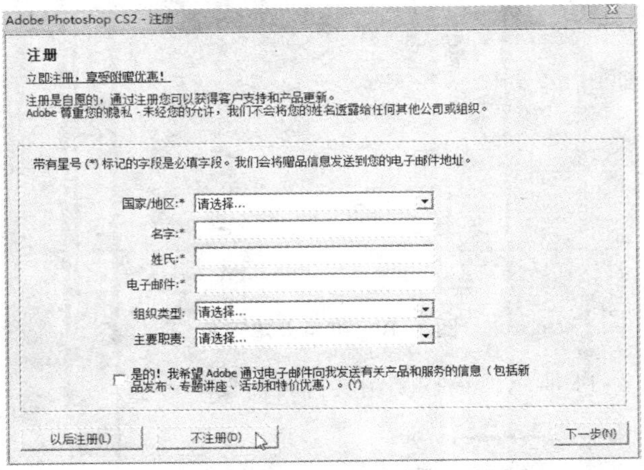

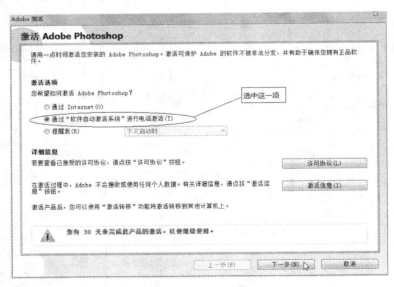

图 3-13　注册界面

Step 15 在图 3-13 中，选择"不注册"。为什么选择不注册呢？因为注册，就是把您的国家，您的姓名、电子邮件发送给 Adobe 公司，Adobe 公司就会给您的邮箱发送广告和产品信息，所以本次安装选择不注册。

单击"不注册"按钮，将打开如图 3-14 所示的激活窗口。选中图中标示的"通过软件自动激活系统进行电话激活"，然后单击"下一步"，打开如图 3-15 所示界面。

图 3-14　激活选项

Step 16 在图 3-15 中，将图中标示出的一组数字复制到前面准备好的注册机中去。

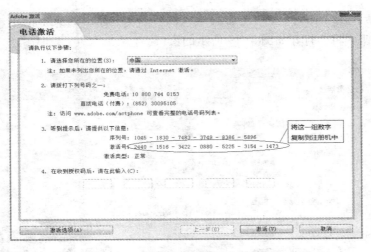

图 3-15　将激活号复制到注册机中去

Step 17 在图 3-16 中，确保中间软件是"Photoshop CS2 9.0"，将复制过来的激活号粘贴到图中标出的位置。

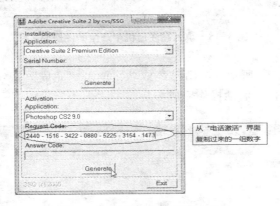

图 3-16　利用注册机产生注册码

Step 18 在图 3-16 中，单击"Generate"按钮，将产生注册码，如图 3-17 所示。将图中标示出来的刚产生的注册码，分组拷贝到图 3-18 标出的地方。

图 3-17　利用注册机产生的注册码

Step 19 将图 3-17 产生的注册码填入图 3-18 中标出的文本框中，然后单击"激活"按钮，将会打开如图 3-19 所示的窗口。

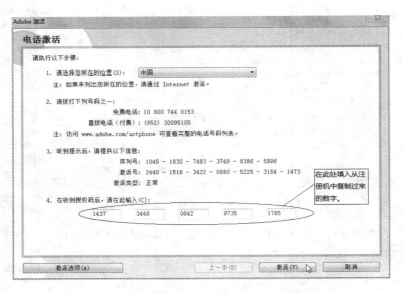

图 3-18　填入在注册机中产生的注册码

Step 20 如图 3-19 所示，激活已经成功，单击"完成"按钮，将会打开如图 3-20 所示的欢迎界面。激活操作完成。

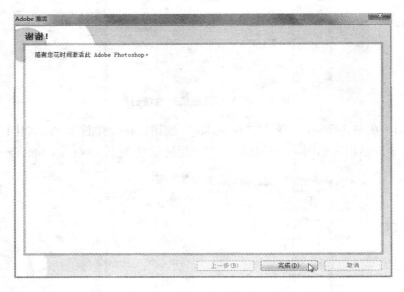

图 3-19　激活成功

图 3-20　打开 Photoshop CS2 的欢迎界面

Step 21 在图 3-20 中，单击"关闭"，将打开如图 3-21 所示的 Adobe Photoshop 操作界面。

图 3-21　Photoshop CS2 工作界面

3.3　在 Adobe Photoshop 中开始工作

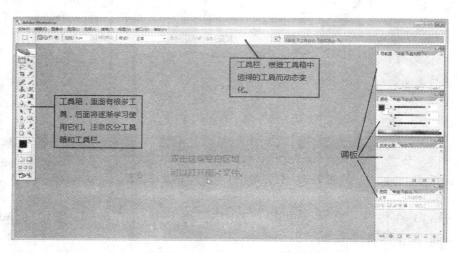

图 3-22　Photoshop 工作界面介绍

下面介绍一个项目，看看 Photoshop 是怎样工作的。建议把原始照片多保留一份，有备无患，防止操作失误破坏原始照片。

【项目】突出显示某一区域

图 3-23 是一幅有趣的四胞胎兄弟的照片，将老大突出显示。

图 3-23　四胞胎兄弟

图片来源：http://image.baidu.com/i? ct=503316480.

Step1 在图 3-22 所示 Photoshop 工作界面中，双击工作区域的空白处，弹出打开文件对话框，如图 3-24 所示。

单击此处的下三角按钮，找到存放照片的位置，选中照片，双击照片即可打开照片。

图 3-24　打开照片

Step2　在图 3-24 中，根据最上端的"查找范围"查找需要加工的照片文件。如图 3-24 所示，单击图中标注出来的下三角按钮，将打开计算机的文件目录，找到存放照片的文件夹，就可以看到需要加工的照片了，双击需要加工的照片，即可打开照片。打开之后的界面如图 3-25 所示。

图 3-25　在工作区打开照片

Step3 在工具箱中用鼠标左键单击"矩形选框工具"，如图 3-26 标识的地方。

本次操作用矩形选中老大。

图 3-26

Step4　如图 3-27 所示，按住鼠标左键拖动，把四兄弟中的老大选中。如果一次没有选择好，可以在选择区域外面，单击鼠标左键，即可取消选区，然后再重新选择。移动光标键（←↑↓→）可以移动选区。将鼠标移入选区，按住左键，可以拖动选区。通过这些技术，读者可以准确选中一个区域。

图 3-27　按住左键拖动鼠标选中区域

Step5　依次单击菜单"选择"→"反向"，将选中除老大之外的其他区域，如图 3-28 所示，老大之外的区域用虚线包围起来了。本次操作的思路是将老大之外的区域变暗，那么老大就突出了。

图 3-28　反选之后的区域

Step6　依次单击菜单"图像"→"调整"→"曲线"，将打开"曲线"对话框。将"曲线"对话框拖到一边，不要遮盖操作的照片，这样在操作时可以随时看到变化。如图 3-29 所示。

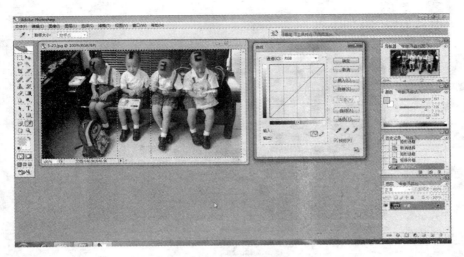

图 3-29　整体布局

Step7 在"曲线"对话框中，如图 3-30 所示，将鼠标对准矩形右上角的黑点，按住左键往下拖动，对应选中区域的明暗程度随之变化。

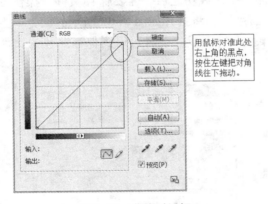

图 3-30　曲线对话框

对角线拖动之后的画面如图 3-31 所示，单击"确定"按钮关闭"曲线"窗口。

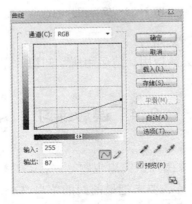

图 3-31　对角线拖动之后的画面

操作之后的照片如图 3-32 所示。

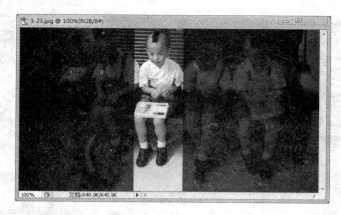

图 3-32

Step8　操作成功之后，选区的虚线还在。要取消选区，在菜单栏依次单击"选择"→"取消选择"，虚线便会消失。

Step9　保存文件。操作成功之后，需要保存文件。操作方法为：在菜单栏依次单击"文件"→"存储"，将打开如图 3-33 所示界面，单击"确定"即可。突出显示某一区域的操作全部完成。读者可以到保存照片的文件夹下，看看操作之后的照片。

图 3-33　保存图片的选项

通过该项目的操作，感觉如何？

学习贵在举一反三，灵活运用。请运用所学知识，完成下面的项目。

3.4　课后练习

【练习项目 1】加工苹果图片，突出主题

图 3-34 是一幅苹果图片，要求把最前面的苹果高亮度显示。加工之后的效果如图 3-35。

图 3-34　苹果原始图片

图片来源：http://image.baidu.com/i？ct＝503316480.

图 3-35　加工之后的苹果图片

【练习项目2】突出显示广告的核心内容

读者可以根据自己的兴趣，选择自己喜欢的照片或广告图片，突出显示广告的核心内容。

第 4 课　修补照片

修补照片在现实生活中很有用处。我们小时候的黑白照片、全家福照片、很久以前的彩色照片，因为时间久了，照片残缺斑驳，但是这些照片非常珍贵，如果能够修补好，那将是一件非常有意义的事。

想一想，你学习修补照片的理由？

修补照片技术，你想学习、掌握吗？

如果是残缺的电子照片，直接用 Photoshop 修补即可。如果是相纸照片或纸张上的照片，则需要先通过数码相机或扫描仪扫描到计算机内部保存起来，然后再使用 Photoshop 修补。

本课将介绍几种修补照片的技术。

4.1　使用仿制图章工具修补照片

图 4-1 是一幅赛艇的照片，左下角已经残缺，照片上部有一道其他船驶过留下的波纹痕迹。我们打算把左下角的缺角修补好，把上部的波纹痕迹清除掉。

图 4-1　赛艇残缺照片

图片来源：Adobe 公司. Adobe Photoshop cs2 中文版经典教程［M］. 袁国忠，等，译. 北京：人民邮电出版社，2006：72.

请问：如何完成呢？根据生活经验，你有思路么？

作者：生活中，在纸上要修补一张照片，应该先找到铅笔或彩色画笔工具，然后仔细观察照片，用照片的相邻区域修补残缺部分。

问：用 Photoshop 修补赛艇残缺照片，应该使用哪一种工具呢？

答：使用仿制图章工具。

仿制图章，好奇怪的一个名字。我们知道，图章就是生活中使用的印章（例如单位的公章），印章采集好油墨之后，用力在纸上按下可以印出图章上的文字和图案。那么，仿制图章就是采集样本，然后把它印出来。修补照片，首先要仔细观察残缺部分和周围部分的异同，找出规律，利用周围相似部分进行修补。

问：如果照片大部分残缺，且没有运行规律，还能够进行修补还原照片吗？

请读者思考。

修补照片，要点是：采样→修补。

修补赛艇残缺照片步骤如下：

Step1 双击工作区域的空白处，找到赛艇照片，双击打开。如图 4-2 所示。从图中标示可以看出，Photoshop 根据照片和工作区域的大小进行了缩放。修补照片时，应该放大照片进行修补，这样更精确。想一想，为什么要这样做？

图 4-2 修补前的赛艇照片

Step2 在工具箱中选择"缩放"工具（），对应缩放的工具栏如图 4-3 所示。可以看出，上面有一个"+"和"-"，"+"是放大镜，"-"是缩小镜。本次操作选择"+"，然后对准照片单击左键，放大照片到 100% 进行修补。放大照片时，可以拖动照片的边框放大工作空间。

图 4-3 缩放工具栏

Step3 在工具箱中选择"仿制图章"，如图 4-4 所示。选中仿制图章之后，鼠标移到图片上，鼠标变成一个圆圈。在仿制图章工具栏中，确保各选项和图 4-5 一致。

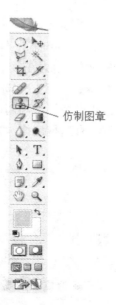

仿制图章

图 4-4　工具箱

图 4-5　仿制图章工具栏

　　仔细观察照片的规律，残缺部分的水波浪应该和相邻右边一致，所以采集右边下部分的样本进行修补。采样操作为：先按下 Alt 键，鼠标变成瞄准器，对准样本单击左键。然后松开左键和 Alt 键。

　　Step5　在残缺部分按下鼠标左键，从右向左均匀拖动鼠标，将会看到奇迹发生了，残缺部分正在被修补。仔细思考一下，修补是怎样发生的？怎样使修补操作更完美？根据相似部分不断采样→修补，左下角残缺部分修补即可完成。完成之后的照片如图 4-6 所示。

图 4-6　左下角修补完成

Step6 处理上半部分的轮船痕迹。试一试，自己完成。读者可以将仿制图章的直径调大一些，如图4-7所示。

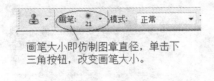

画笔大小即仿制图章直径，单击下三角按钮，改变画笔大小。

图4-7 仿制图章工具栏

图4-8 改变画笔大小之后的工具栏

Step7 操作完成。如图4-9所示。

图4-9 修补完成

4.2 使用修复画笔和修补工具进行修补

图4-10是一幅攀岩的图片，上面有一些涂鸦和老式爬山技术留下的孔隙。我们想还原大自然本来的面貌，试一试，看看这个想法能否实现。

读者可以把原始素材保留一个副本，然后自己尝试一下，看能不能把攀岩图片修补好。

图 4-10 攀岩图片

图片来源：Adobe 公司. Adobe Photoshop cs2 中文版经典教程［M］. 袁国忠，等，译. 北京：人民邮电出版社，2006：75.

4.2.1 使用修复画笔工具删除涂鸦

在工具箱中，"修复画笔工具"隐藏在"污点修复画笔工具"之后，如图 4-11 所示。

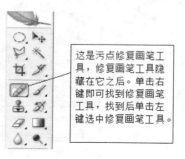

这是污点修复画笔工具，修复画笔工具隐藏在它之后。单击右键即可找到修复画笔工具，找到后单击左键选中修复画笔工具。

图 4-11 工具箱

在工具箱中，对准"污点修复画笔工具"，单击右键，在弹出的快捷菜单中选择"修复画笔工具"。

Step1 选择"放大镜"，对准左下角的涂鸦"DJ"单击左键，放大到300%，便于修补。

Step2 在工具箱中，选择"修复画笔工具"（该工具隐藏在"污点修复画笔工具"之后，见图 4-11）。

Step3 在修复画笔工具栏中，打开下拉式调板"画笔"，将直径值改为 10 像素，然后关闭该调板。确保工具栏中的其他设置均为默认值：模式为"正常"，源为"取样"，复选框"对齐"未被选中，"对所有图层取样"未被选中，如图 4-12 所示。

图 4-12

Step4 按下 Alt 键，在涂鸦上方单击左键，从岩石的这部分采样，然后松开左键和 Alt 键。

Step5 从"D"上方开始，垂直向下拖曳鼠标（或在涂鸦上单击鼠标左键），可以看到，涂鸦正在被清除。在涂鸦周围不断采样，不断修补，即可完成操作。

试一试，看能不能修补得完美无缺。

4.2.2 使用修补工具

在开始处理前，放大图片将有助于更好地查看图像的细节。

Step1 在工具箱中，选择隐藏在修复画笔工具（ ）后面的修补工具（ ）。

Step2 在工具栏中，确保单选按钮"源"被选中。

Step3 在钻孔周围拖曳鼠标，如图 4-13 所示，把钻孔包围起来，然后松开鼠标。

Step4 将选区拖曳到岩石上无瑕疵的区域，然后松开鼠标，修补成功。

Step5 继续修补图片，直到所有破损痕迹被修复到满意为止。修补完成之后的图片如图 4-13 所示。

图 4-13　修补之后的攀岩图片

Step6 选择"文件"→"存储"。

总结：仿制图章和修复画笔工具需要采样，而修补工具不需要采样。

4.3　消除红眼

红眼是由于闪光灯照射到人的视网膜导致的。在傍晚或晚上拍摄人物照片，或者在黑暗的房间中拍摄人物时常常出现这种情况。在 Photoshop 中消除红眼很容易。

图 4-14 中男孩的眼睛是红眼，下面讲解如何消除。

图 4-14　消除红眼之前的图像

图片来源：Adobe 公司. Adobe Photoshop cs2 中文版经典教程［M］. 袁国忠，等，译. 北京：人民邮电出版社，2006：146.

Step1 使用缩放工具（🔍），对准男孩的左眼睛单击放大到 300%。

Step2 对准"污点修复画笔工具"单击右键，将打开一个快捷菜单，选择隐藏在"污点修复画笔工具"后面的"红眼工具"（👁），如图 4-15 所示。

图 4-15　选择红眼工具

Step3 在红眼工具栏中，保留"瞳孔大小"为 50%，但将"变暗量"改为 10%，如图 4-16 所示。变暗量决定了瞳孔应多暗，所以本次操作将变暗量改为 10%，使红眼部分变暗。

图 4-16　红眼工具栏

Step4 对准男孩左眼中的红色区域单击左键，如图 4-17 所示。然后对准右眼中的红色区域单击，红眼即消除了，如图 4-18 所示。

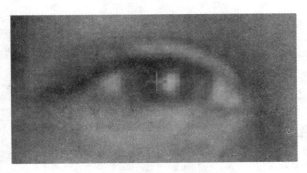

图 4-17　对准左眼的红色区域

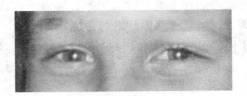

图 4-18　消除红眼之后的图像

4.4　课后练习

【练习项目1】

图 4-19 是一幅珍贵的历史图片，利用所学技术将这幅图片修补完整。操作时细致一些，使修补之后的图片看不出修补的痕迹。

图 4-19　残缺图片

图片来源：http://image.baidu.com/i？ct=503316480.

【练习项目2】

找一幅自己的破损照片进行修补。

找一幅有红眼的照片进行消除红眼操作。

【练习项目3】

如果一张相纸照片因为种种原因被撕毁了，后来发现照片异常珍贵，想把它修补完整。请思考，能不能把照片还原如初呢？

第5课 合成照片

想一想：为什么要合成照片？您想合成照片吗？您想为自己的照片换一个背景吗？

技术可以讲授，审美因人而异。后面的操作，因为每个人的审美观点不同，所以有的读者会认为合成的照片不美，没有关系，读者可以认真学习合成的技术，然后按照自己的审美观点，挑选一些图片进行合成。

合成照片，是将不同照片的图像合成在一起，这时候必须要移动图像。要移动图像，必须先选中，再移动。合成照片之后，要注意修饰，使合成的照片浑然一体。

5.1 小女孩与大熊猫的照片合成

在合成照片之前，要仔细挑选照片，根本不搭界的照片合成在一起，人们一看就知道是 PS（Photoshop）合成的。

本次操作挑选的小女孩，饶有兴趣地关注右前方，可以将大熊猫放在她的右侧，让小女孩拿上竹叶喂大熊猫。

图 5-1 小女孩

图片来源：http://image.baidu.com/i? ct＝503316480.

图 5-2　大熊猫

操作步骤如下：

Step1 在 Photoshop cs2 中将小女孩和大熊猫图片同时打开，布局如图 5-3 所示。

图 5-3　布局

Step2 经观察，小女孩图片的右边空间太小，放不下一只大熊猫，应该将右边区域扩大。我们首先观察小女孩图片的大小。查看图片大小的方法为：对准图片的标题栏单击鼠标右键，将弹出一个快捷菜单，如图 5-4 所示。在弹出的快捷菜单中单击"图像大小"，打开如图 5-5 所示窗口。

图 5-4　选择"图像大小"

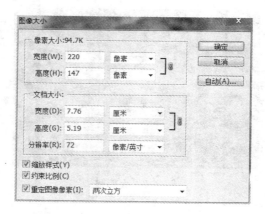

图 5-5   图像大小

在图 5-5 中，最上面一组数据"像素大小"，说明小女孩图片宽度为 220 像素，高度为 147 像素。

在图 5-4 中，重新选择"画布大小"，打开如图 5-6 所示窗口。"画布大小"指的是图片的边框大小。将单位修改为像素，然后将"宽度"修改为 340 像素。

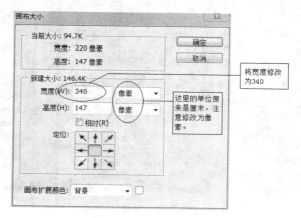

图 5-6   改变画布大小

Step3 修改之后的图片如图 5-7 所示，图片空间已经扩大。读者自己试一试：能不能把图像移到左侧，在右侧复制草坪。

在工具箱中选择"矩形选框工具"（▭），拖动鼠标将图像全部选中，右边可以多选一点，如图 5-8 所示。

图 5-7   加宽之后的图片

图 5-8　选中图像

Step4 在工具箱中选择"移动工具"（），将鼠标移到虚框内部，然后按住左键往左移动，虚框左边与左边框对齐，如图 5-9 所示。选择菜单"选择"→"取消选择"，取消虚框。读者利用仿制图章技术，将右边空白区域修补成草坪。仿制图章既可以修补图像，也可以复制图像。注意灵活运用，举一反三。如图5-10 所示，将小女孩图片最小化，等会再用。

图 5-9　移动图像

图 5-10　右边复制成草坪

Step5 单击大熊猫图片，拖动边框占满整个工作区域。选择缩放工具将大熊猫放大，以便后面操作。如图 5-11 所示。

图 5-11　布局工作区

Step6 选择"多边形套索工具"（ ✍ ）将大熊猫选中。在大熊猫边缘单击左键，相当于设置了一个锚点（打了一个钉子），然后沿着边缘拖动鼠标，需要转弯的地方单击左键，继续进行。当锚点设置错误（没有准确选择区域），按键盘上的 Delete 键删除锚点。当围成一个封闭区域之后，双击左键，选择成功，如图 5-12 所示。（多边形套索工具非常强大，不规则区域都可以用它选中，要多练习才能得心应手。至于圆、椭圆、单一颜色图像区域的选择，请读者查阅有关资料。）

图 5-12　选中大熊猫

Step7 选择缩放工具，将大熊猫图片缩小，同时缩小图像边框。如图 5-13 所示，单击还原按钮把小女孩图像还原。

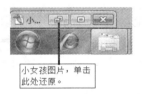

小女孩图片，单击此处还原。

图 5-13　还原按钮

整个布局如图 5-14 所示。

图 5-14　整个布局

Step8 选择"移动工具"（![移动工具]），将鼠标对准大熊猫，如图 5-15 所示，有一把剪刀和一个移动图标，表示图像可以移动。按住鼠标左键，将大熊猫拖动到小女孩图片上，如图 5-16 所示，当看到一个箭头连带一个"＋"时，放开左键，大熊猫复制到小女孩图片上了，如图 5-17 所示。

图 5-15　移动标志"剪刀"

图 5-16　复制标志

小女孩1 副本.jpg @ 100% (图层 1, RGB/...
100%

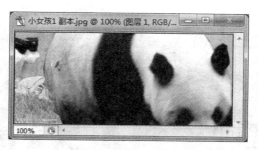

图 5-17　复制过来的大熊猫

Step9 复制过来的大熊猫很大，盖住了小女孩。把原来的大熊猫图片关闭，使其不占用操作空间。

下面的任务是将大熊猫变小，进行旋转，使其更加逼真。在工作区域的右下角，有一个“图层”窗口。图层是 Photoshop 功能强大的基础，通过图层将图像的不同部分区别开来。每个图层都可以作为独立的作品进行编辑。操作图层类似于排列于多张醋酸纸上的绘画部分，可以对每张醋酸纸进行编辑、删除和调整位置，而不会影响其他醋酸纸。堆叠醋酸纸时，整个合成图便显示出来了。图层可以修改名字，操作如图 5-18 所示。

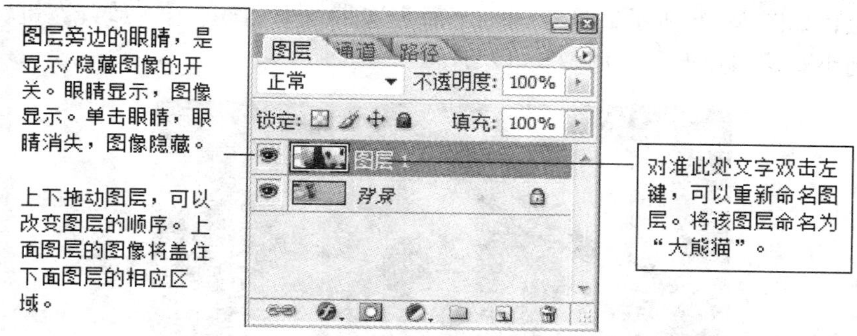

图层旁边的眼睛，是显示/隐藏图像的开关。眼睛显示，图像显示。单击眼睛，眼睛消失，图像隐藏。
上下拖动图层，可以改变图层的顺序。上面图层的图像将盖住下面图层的相应区域。
图层
通道
路径
正常
不透明度: 100%
锁定:
填充: 100%
图层 1
背景
对准此处文字双击左键，可以重新命名图层。将该图层命名为“大熊猫”。

图 5-18　图层窗口

Step10 Photoshop 可以有很多图层，以后操作时，注意哪一个是当前图层，当前图层才会响应操作。怎么判断当前图层呢？鼠标左键单击哪一个图层，这个图层就是当前图层，颜色为蓝色。让“大熊猫”图层成为当前图层，如图 5-19 所示，选择“编辑”→“变换”→“缩放”。大熊猫周围出现蓝色线和 8 个可以调整大小的方块。缩放时可以借助 Shift 键，使其不变形。缩放之后如图 5-20 所示。

Step11 为了让大熊猫面对小女孩，还需要旋转大熊猫。如图 5-21 所示，选择“编辑”→“变换”→“水平翻转”。水平翻转之后，如图 5-22 所示，然后按 Enter（回车键），使变换生效。

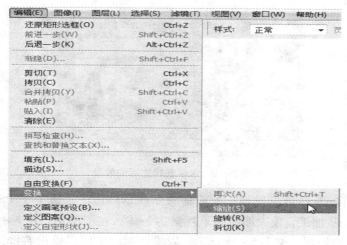

图 5-19　选择缩放菜单

图 5-20

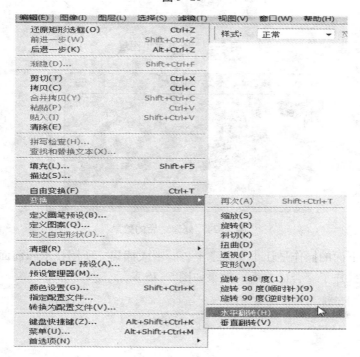

图 5-21　选择水平翻转

图 5-22　水平翻转之后的效果

Step12 仔细观察可以发现，大熊猫悬浮在草坪纸上，留下了 PS 的痕迹。为此，需要进一步加工，使大熊猫和草坪融为一体。在图层窗口中，有"背景"和"大熊猫"两个图层，如图 5-23 所示，对准任何一个图层单击右键，在弹出的快捷菜单中选择"合并可见图层"，合并成"背景"一个图层。利用仿制图章技术，将大熊猫和周围的草坪融为一体，如图 5-24 所示。（这些操作，要充分调动读者的主动性和积极性，只有积极参与，反复练习，才能青出于蓝而胜于蓝。）

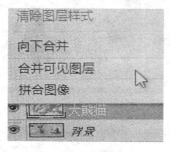

图 5-23　合并可见图层

图 5-24　处理之后的效果

Step13 下面的操作是让小女孩拿上竹叶喂大熊猫，所用技术和前面相同，就留给读者自己操作了。合成之后的效果如图 5-25 所示。

图 5-25 最后效果图

5.2 与明星合影

操作该项目必须先掌握 5.1 节的技术。

与明星合影，是很多读者想掌握的技术。本项目选取赵薇和一个女大学生合影。在 Photoshop 中同时打开赵薇和大学生的照片，如图 5-26 所示。经观察，赵薇和其中一个女大学生的神态非常相似，可以合成。下面是操作步骤：

图 5-26 布局图

图片来源：http://YaKA.com.

Step1 首先将大学生的图片最小化，然后将赵薇照片的右侧加宽，如图 5-27 所示。

图 5-27　右侧加宽

Step2 将赵薇的图片最小化，大学生图片还原，然后利用缩放工具放大图片，利用"多边形套索工具"（）将女大学生选中，如图 5-28 所示。

分析："多边形套索工具"（）非常有用。选中人物时，一般使用"多边形套索工具"。选择不规则图像时，也需要使用"多边形套索工具"。

图 5-28　女大学生选区

Step3 将大学生图片缩小，赵薇的图片还原。利用移动工具（）将女大学生复制到赵薇的图片中，如图 5-29 所示。

赵薇.jpg @ 66.7% (图层 1, RGB/8#)
66.67%
文档:1.02M/2.04M

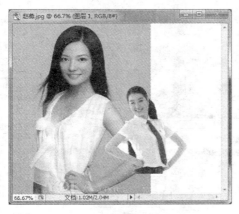

图 5-29　初步合成

Step4 可以看出，女大学生图像太小。将女大学生的图像放大，和赵薇的图像大小一致，如图 5-30 所示。

赵薇.psd @ 66.7% (图层 1, RGB/8#)
66.67%
文档:1.02M/2.05M

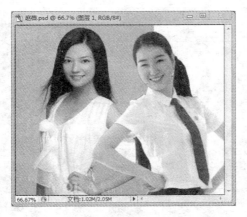

图 5-30

Step5 从图 5-30 可以看出，赵薇的图像要暗一些，女大学生的图像太亮，为此，要将赵薇的图像变亮，女大学生的图像变暗。操作如下：赵薇所在图层为“背景”，女大学生所在图层为“图层 1”。

先选中“背景”图层（在图层窗口中，对准“背景”单击左键即可），如图 5-31 所示，然后选择菜单“图像”→“调整”→“色阶”，将打开色阶窗口，如图 5-32 所示。

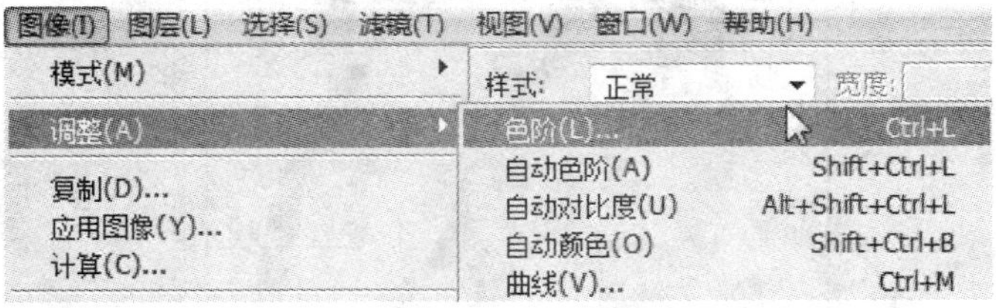

图像(I)
图层(L)
选择(S)
滤镜(T)
视图(V)
窗口(W)
帮助(H)
模式(M)
样式:
正常
宽度:
调整(A)
色阶(L)... Ctrl+L
自动色阶(A) Shift+Ctrl+L
自动对比度(U) Alt+Shift+Ctrl+L
自动颜色(O) Shift+Ctrl+B
曲线(V)... Ctrl+M
复制(D)...
应用图像(Y)...
计算(C)...

图 5-31　打开色阶

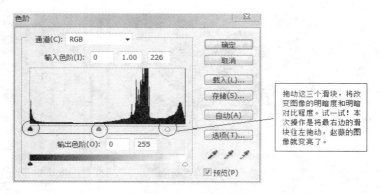

图 5-32 色阶窗口

在图 5-32 中，读者可以试着拖动图中标出的三个滑块，看看有何变化？让赵薇的图像变亮一些，直到自己满意为止。整个效果如图 5-33 所示。在色阶窗口中，单击"确定"使其生效。

图 5-33 调整色阶

同理操作，让女学生的图像变暗一些，效果如图 5-34 所示。

图 5-34 明暗处理之后的效果

Step6 确保"图层1"选中，用多边形套索工具（  ）将女大学生和赵薇胳膊交界的地方选中，如图5-35所示，然后按键盘上的Delete，赵薇的胳膊显示出来了，如图5-36所示。

图 5-35　选区

图 5-36　删除选区之后的效果

Step7 将"背景"和"图层1"合并，做最后的修饰工作。用仿制图章将女大学生的轮廓处理一下，将右边的背景处理成和左边一样。将图片上的文字清除掉。美工之后的效果如图5-37所示。

图 5-37　最后效果图

5.3　课后练习

【练习项目1】圣诞贺卡的制作。制作圣诞贺卡的素材如下：

图 5-38

图 5-39

利用所学的合成技术，将这些素材加工，制作成如下的圣诞贺卡。

图 5-40

其中的文字，仅供参考。读者可以重新设计文字部分，写上自己的名字。

【练习项目2】根据下面提供的素材，练习合成技术。图 5-41 是合成之前的图片，图 5-42 是合成之后的图片。

图 5-41

图 5-42

【练习项目3】找一张自己的照片，一张自己喜欢的明星照片，将两张照片合成，与明星合影。

第6课　美化照片

您想让自己的照片更加清晰、明亮，更加漂亮吗？

如果您有照片需要美化，如果您想学习美化照片技术，请认真学习这一课。

生活中，有些照片拍摄得不好，需要进行加工、美化。美化照片通常有以下步骤：

◆ 复制原始图像或扫描图片（务必对图像文件的副本进行处理，这样在必要时可以恢复原来的图像）

◆ 检查扫描质量，确保分辨率适合

◆ 裁剪图像至最终尺寸并确定方向

◆ 修复扫描的受损照片的缺陷（如裂缝、灰尘、污迹）

◆ 调整图片的整体对比度和色调范围

◆ 消除色偏

◆ 调整图像特定部分的颜色和色调，以突出高光、中间调、阴影和降低颜色的饱和度

◆ 通过锐化提高图像整体清晰度

这里，对涉及的术语解释一下。

◆ 分辨率：指的是描述图像并生成图像细节的小方块（像素）的数量，单位通常为像素/英寸（ppi）。

◆ 色偏：指的是图像呈现一个颜色的偏差，例如整体偏红等。

◆ 饱和度：指的是颜色的纯度。

下面是一本杂志封面的原始照片，如图6-1所示，原始扫描图像是歪的，画面比较暗，且存在红色色偏。如果让你美化这幅照片，你打算如何美化？

对这幅照片的美化，将进行如下操作：

◆ 修齐和裁剪图像

◆ 消除色偏

◆ 替换局部图像的颜色

◆ 提高对比度

◆ 提高图像的清晰度

图 6-1　原始图片

图片来源：Adobe 公司. Adobe Photoshop cs2 中文版经典教程［M］. 袁国忠，等，译. 北京：人民邮电出版社，2006：57.

6.1　修齐和裁剪图像

本课将使用"裁剪工具"（⛏）来修齐和裁剪图像。

Step1 在工具箱中选择裁剪工具（⛏），在工作区中对准图像左上角，按住左键拖出一个选区，如图 6-2 所示。

图 6-2　裁剪区域

Step2 在图 6-2 中，选区没有准确选中图像，边缘不平行，下面通过旋转使其平行。把鼠标放在裁剪区域的任意一角，将会出现一个旋转的图标，按住左键可以旋转裁剪区域，使其与图像边缘平行，如图 6-3 所示。

图 6-3　左上角有旋转图标

Step3 拖动周围的四个滑块，使裁剪区域准确选中图像，如图 6-4 所示，然后按回车键，图像就裁剪好了，如图 6-5 所示。

思考：裁剪工具（☒）的作用是什么？学习裁剪工具之后，如何灵活运用？

（回答：裁剪工具的作用是对图像进行裁剪，可以把倾斜的图像摆正，可以裁剪图片的部分区域。学习裁剪工具之后，运用场景：有一幅大的图片，只想截取其中一小部分，可以使用裁剪工具；有一幅倾斜的图像，想把它摆正，可以使用裁剪工具。）

图 6-4　裁剪区域与图像吻合

图 6-5　裁剪好的图像

Step4 消除色偏。如图 6-6 所示，依次打开"图像"→"调整"→"自动色阶"，图像的色偏消除了，如图 6-7 所示。在历史记录窗口中，通过单击上一步"裁剪"和下一步"自动色阶"，比较消除红色色偏前后的变化。

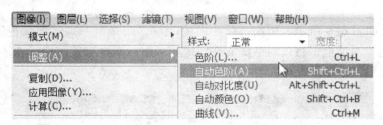

图 6-6　选择自动色阶

图 6-7　消除色偏之后的图像

6.2 替换局部图像的颜色

在图6-7中，左下角是一朵黄色的郁金香，要将它替换成翡翠绿的郁金香，操作如下：

Step1 用矩形选框工具（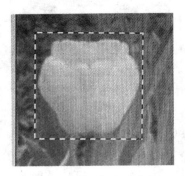）将左下角的黄色郁金香花朵选中，如图6-8所示。

图6-8 选中郁金香花朵

Step2 如图6-9所示，依次选择"图像"→"调整"→"替换颜色"，将出现"替换颜色"对话框，将该对话框放在图像的旁边，不要遮盖图像，便于观察操作效果。

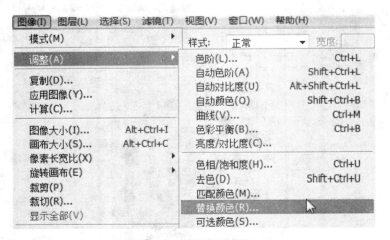

图6-9 选择替换颜色

Step3 在图6-10所示替换颜色对话框中，选区有三根吸管，首先选择第一根吸管，在郁金香上单击左键，如图6-11所示。然后选择第二根吸管，不断在郁金香花朵上采集，直到选区变成一朵纯白的花。

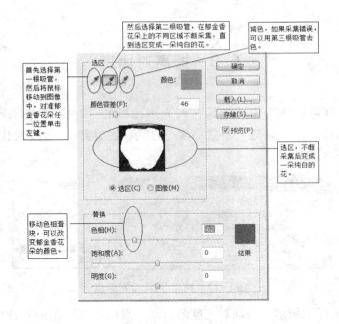

图 6-10　替换颜色

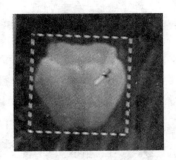

图 6-11　第一根吸管采集像素

Step4 在下部替换区域，拖动"色相"滑块，可以看到，郁金香花朵的颜色随之变化，可以变成蓝色、紫色、翡翠绿等，读者可以试试看。最后效果如图 6-12 所示。

图 6-12　替换颜色效果图

6.3 提高对比度

提高对比度可以让图像感觉是在阳光下拍摄的，对比度更高，图像更清晰。依次单击"图像"→"调整"→"亮度/对比表"，打开"亮度/对比表"对话框，如图6-13所示。

图6-13 亮度/对比度对话框

如图6-13标识所示，拖动对比度的滑块，可以改变图像的对比度，调整之后的效果如图6-14所示。

图6-14 调整对比度

6.4 提高图像的清晰度

提高清晰度，是很多读者都想学习的技术，下面看看是如何操作的。

Step1 在工具箱中选择隐藏在"减淡"工具（ ）后面的"海绵"工具（ ），如图6-15所示。

图6-15 选择海绵工具

Step2 在工具栏中做如下设置，如图 6-16 所示。"模式"中选择"加色"，在"流量"中输入 90%。

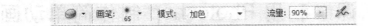

图 6-16　海绵工具栏

Step3 在郁金香及其叶子上来回拖曳，以提高图像的清晰度。操作之后的效果如图 6-17 所示。

图 6-17　最后效果图

6.5　课后练习

【练习项目 1】图 6-18 是一幅不太清晰的图片，请利用所学技术和自己搜索网络所获得的技术，美化该幅图片，使之更清晰、明亮。

图 6-18

图片来源：http://image.baidu.com/i? ct = 503316480.

【练习项目 2】自己寻找素材，找一幅不太清晰的图片或照片，然后提高对比度、清晰度，美化照片。

第 7 课　利用 Photoshop 制作简单动画

　　制作动画，是很多读者想学习的技术，Photoshop 能够制作简单的动画，复杂的动画需要 Flash 制作。

　　想一想：您学习制作动画的理由？

　　思考：动画的基本原理是什么？

　　动画的基本原理：动画是由静止的图像构成的，一幅图像称为一帧，当很多相似帧间隔很短的时间连续出现时，我们的眼睛已经无法区分每一帧，看到的就是动画了。

　　其实，电视和电影的本质也是动画，现在的标准是每秒播放 25 帧。我们看到的就是连续、动态的画面。

　　根据动画的基本原理，我们就可以开始制作动画了。在理解了动画的基本原理之后，读者就能更好地制作动画。

7.1　制作最简单的动画

　　首先，讲解一个最简单的动画制作，带领读者快速进入动画制作的大门。

　　Photoshop 制作动画所使用的软件是 ImageReady，在 Photoshop CS2 中打开 ImageReady 非常容易，如图 7-1 所示。在工具箱中单击最下面的切换按钮，打开 ImageReady 软件。

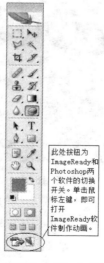

此处按钮为 ImageReady 和 Photoshop 两个软件的切换开关。单击鼠标左键，即可打开 ImageReady 软件制作动画。

图 7-1　切换 ImageReady 和 Photoshop

最简单的动画由两幅图像（两帧）构成，两帧循环出现，动画效果就出来了。

Step1 在 ImageReady 中打开 Dolphin，用于制作动画的元素已经准备好了。

Step2 定制工作区，使操作更方便。关闭调板组颜色、Web 内容和切片。选择"窗口"→"动画"，打开动画调板。拖曳动画调板的右下角将其增大，以充分使用工作区中的水平空间。定制工作区之后的界面如图 7-2 所示。

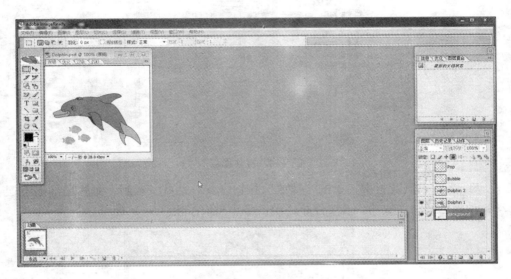

图 7-2　定制工作区

Step3 在动画调板中，选择第 1 帧，然后单击动画调板的"复制当前帧"，创建第 2 帧，如图 7-3 所示。

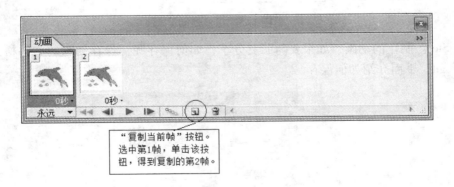

"复制当前帧"按钮。
选中第1帧，单击该按
钮，得到复制的第2帧。

图 7-3　复制当前帧

Step4 选中第 2 帧，在"图层"调板中，单击"Dolphin1"旁边的眼睛，使其隐藏；然后单击"Dolphin2"旁边的"显示/隐藏"选项，使其显示，如图 7-4 所示。

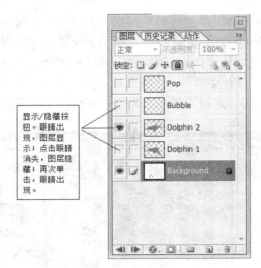

图 7-4　操作图层

Step5 在动画调板中，单击"播放"按钮（▶），可以看到，海豚尾部上下摆动，动画已经制作成功。若要停止，单击停止播放按钮（■）即可。

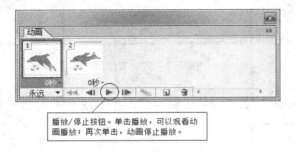

图 7-5　播放动画

Step6 制作的动画，如果要与朋友分享，如何保存呢？保存动画的文件格式必须是 gif，下面介绍如何保存。

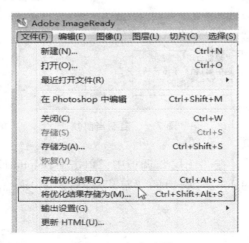

图 7-6　保存动画

如图 7-6 所示，依次打开"文件"→"将优化结果存储为"，将打开如图 7-7 所示的保存文件的对话框。选择好保存动画的文件夹，给动画取个名字，确保文件类型是 gif，然后单击"保存"按钮，将弹出一个对话框，如图 7-8 所示，单击"确定"即可。

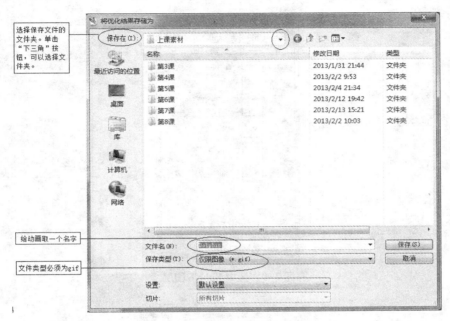

图 7-7　保存动画

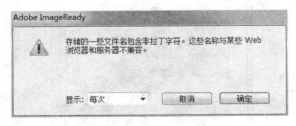

图 7-8　兼容性提示框

动画保存好了，读者可以到保存动画的文件夹查看制作的动画，也可以传给朋友们了。

7.2　制作海豚动画

读者已经会制作简单动画了，下面制作完整的海豚动画。在 7.1 节的基础上继续制作。

Step1 在动画调板中，选中第 1 帧。在图层调板中，点击图层 Bubble、Pop 旁边的"显示/隐藏"按钮，让 Bubble、Pop 两个图层显示。

Step2 在图层调板中，选中 Bubble 图层，如图 7-9 所示。然后在工具箱中选择"移动"工具（），准备复制 Bubble。按住 Alt 键，对准气泡按住左键拖动，便可复制出一个气泡。在第 1 个气泡（Bubble）和炸开气泡（Pop）之间复制三个气泡（读者可以复制任意多个气泡），如图 7-10 所示。

图 7-9　选中 Bubble 图层

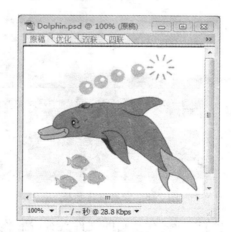

图 7-10　复制气泡

Step3 根据生活规律，海豚吐出的气泡在上升过程中逐渐变大，所以应将复制的三个气泡逐渐放大。在图 7-11 中，选择 Bubble 副本图层，对应的气泡被选中。

然后如图 7-12 所示，依次打开"编辑"→"变换"→"缩放"，气泡变为，拖动周围的方块即可缩放气泡。同理放大其余两个气泡，操作之后如图 7-13 所示。

图 7-11　复制三个气泡之后的图层

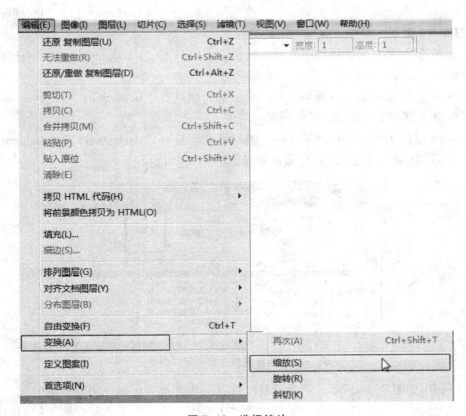

图 7-12　选择缩放

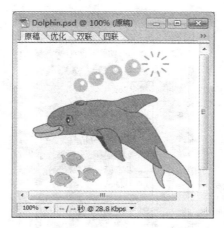

图 7-13　放大气泡之后的图像

Step4 在动画调板中，选中第 1 帧，确保只有 "Background" 和 "Dolphin1" 显示，其他图层均隐藏。

Step5 选中第 2 帧，确保只有 "Background"、"Dolphin2" 和 "Bubble" 显示，其他图层均隐藏。

Step6 复制第 2 帧，得到第 3 帧，确保第 3 帧只有 "Background"、"Dolphin1" 和 "Bubble 副本" 显示，其他图层均隐藏。

Step7 复制第 3 帧，得到第 4 帧，确保第 4 帧只有 "Background"、"Dolphin2" 和 "Bubble 副本 1" 显示，其他图层均隐藏。

Step8 复制第 4 帧，得到第 5 帧，确保第 5 帧只有 "Background"、"Dolphin1" 和 "Bubble 副本 2" 显示，其他图层均隐藏。

Step9 复制第 5 帧，得到第 6 帧，确保第 6 帧只有 "Background"、"Dolphin2" 和 "Pop" 显示，其他图层均隐藏。效果如图 7-14 所示。

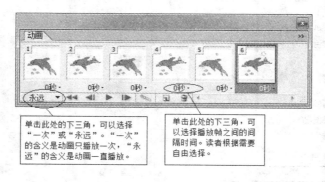

图 7-14　选择播放次数和间隔时间

Step10 如图 7-14 所示，选择播放次数：一次或永远，帧之间的间隔时间，可以是 "无延迟"，也可以选择 "0.1 秒"，"0.2 秒" 等。要修改所有帧之间的间隔时间，则必须先选中所有的帧，然后再修改。选中所有帧的方法：对准第一帧单击左键，选中第一帧，然后按住 shift 键，将鼠标对准最后一帧单击左键，所有帧就全部选中了。

本次操作播放次数选择"永远"，所有帧间隔时间选择"0.2秒"，如图7-15所示，然后单击播放按钮，观看制作的动画效果。

Step11 将制作的海豚动画保存为 gif 格式文件。

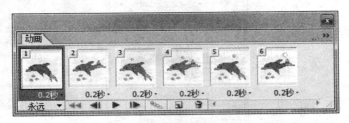

图 7-15　海豚动画

思考：学习制作海豚动画之后，你有哪些收获？以后如何运用呢？

7.3　制作 H₂O 动画

下面通过修改图层的不透明度和位置来制作动画。首先制作初始帧和结束帧，然后在这两个帧之间添加若干过渡帧，动画效果就出来了。

Step1 在 ImageReady 中，双击工作区域的空白处，打开 H2O. psd 文件。如图7-16 所示，这是一个水徽标，由四个部分组成，分别位于不同的图层中。

图 7-16　水徽标

Step2 确保动画和图层调板是可见的。在动画调板中单击"复制当前帧"按钮（　）以创建一个新的动画帧，如图7-17所示。

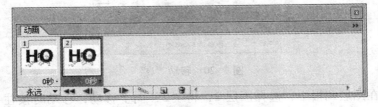

图 7-17　复制当前帧

Step3 在动画调板中，确保第 2 帧被选中。然后在图层调板中，选择图层 H，如图 7-18 所示。

图 7-18 选中图层 H

Step4 选择移动工具（📇）并开始拖曳图像左边的 "H"，向左拖动。开始拖曳后，当出现一条直线时，再按下 Shift 键保持直线移动。当只有 "H" 的一部分可见时松开鼠标，然后松开 Shift 键，如图 7-19 所示。

图 7-19 移动 "H"

Step5 在图层调板中，选择图层 O，将 "O" 向右拖动，拖动时按住 Shift 键保持直线移动，如图 7-20 所示。

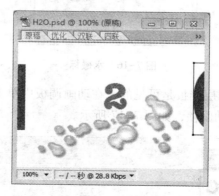

图 7-20 移动 "O"

Step6 在图层调板中，选择图层 2，将 "2" 向上移动，移动时按住 Shift 键保持直线移动，如图 7-21 所示。

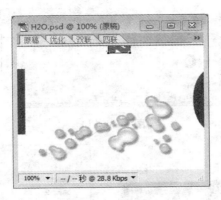

图 7-21　移动 "2"

Step7 在图层调板中，选择图层 H，将 "不透明度" 滑块拖曳到 20%。重复这种操作，将图层 2 和图层 O 的不透明度也设置为 20%，如图 7-22 所示。

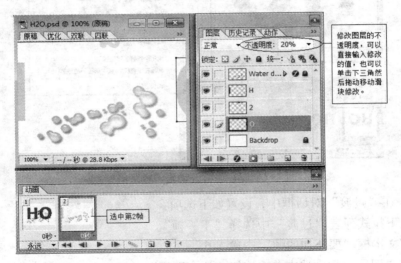

图 7-22　改变图层的不透明度

Step7 在动画调板中，将第 1 帧和第 2 帧位置互换，具体操作为：在动画调板中，选择第 2 帧，然后按住鼠标左键往左拖动，当到达第 1 帧左边界出现黑色线条时，松开左键即可，如图 7-23 所示。

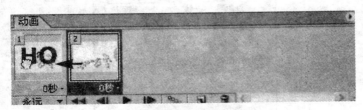

图 7-23　交换第 1 帧和第 2 帧的位置

Step8 添加过渡帧。在动画调板中，确保第 1 帧被选中，如图 7-24 所示打开动画调板菜单，然后在动画调板菜单中选择 "过渡" 命令。

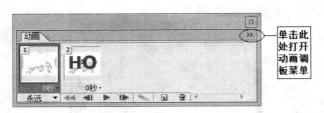

图 7-24（1）

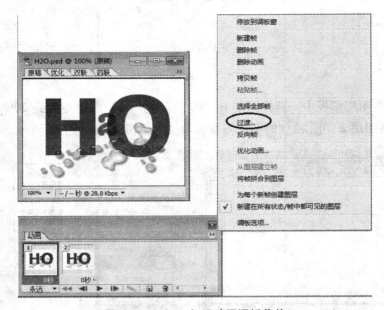

图 7-24（2）　打开动画调板菜单

Step9 在"过渡"对话框中，设置如下选项：

- 从下拉式列表"过渡"中选择"下一帧"。
- 在文本框"要添加的帧"中输入 6。
- 在"图层"框中选中单选按钮"所有图层"。
- 在"参数"框中选中复选框"位置"和"不透明度"。

如图 7-25 所示，然后单击"确定"按钮关闭对话框。

图 7-25　设置过渡帧选项

ImageReady 将根据原有的两个帧中图层的不透明度和位置设置，创建 6 个新的过渡帧。现在，总共有 8 个帧，将间隔时间调整为 0.5 秒，如图 7-26 所示。

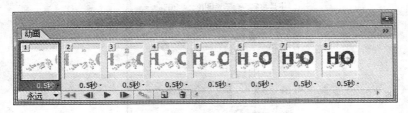

图 7-26　添加过渡帧之后的效果图

Step10 在动画调板中，单击"播放动画"按钮（ ▶ ），在 ImageReady 中预览动画，看看效果如何。

Step11 为数字"2"制作闪光效果。在动画调板中选择第 8 帧，然后单击"复制当前帧"按钮（ ⬚ ），将产生第 9 帧。

Step12 确保第 9 帧选中，在图层调板中选择图层 2，然后单击图层调板底部的"添加图层效果"按钮，如图 7-27 所示。

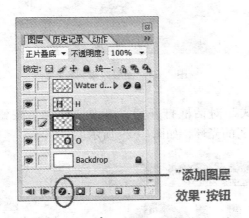

图 7-27　图层效果按钮

单击（ ● ）之后，将会打开图层效果列表，从中选择"外发光"，如图 7-28 所示。

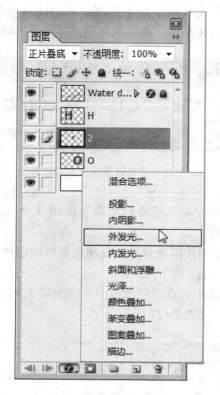

图 7-28　图层效果列表

Step13 "图层样式"对话框打开后，单击"确定"按钮接受默认设置。在"2"的周围将出现微弱的光环，如图 7-29 所示。

图 7-29

Step14 单击动画调板中的"复制当前帧"按钮（🔲）将产生第 10 帧。在图层调板中，双击图层 2 的"外发光"效果，打开"图层样式"对话框。确保复选框"预览"被选中，并将扩展设置为 20%，大小设置为 49 像素，然后单击"确定"按钮，如图 7-30 所示。

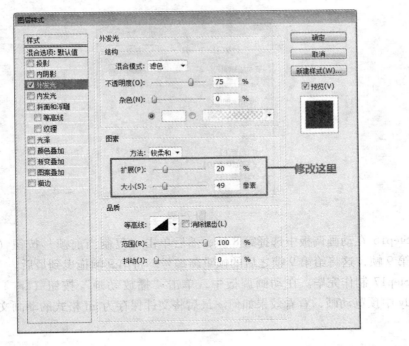

图 7-30

Step15 在动画调板中选择第 9 帧，然后动画调板底部的"过渡"按钮（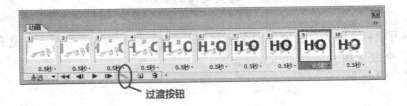），
如图 7-31 所示。

图 7-31

过渡按钮

在"过渡"对话框中做如下设置：
- 在下拉式列表"过渡"中选择"下一帧"。
- 在文本框"要添加的帧"中输入 2。
- 在"图层"框中选中单选按钮"所有图层"。
- 在"参数"框中选中复选框"效果"。
参见图 7-32，单击"确定"按钮关闭该对话框。

图 7-32

Step16 在动画调板中选择第 8 帧，然后单击"复制当前帧"按钮（▣）创建新的第 9 帧，这将给第 9 帧之后的帧重新编号。将第 9 帧拖曳到最后。

Step17 制作完毕。在动画调板中，单击"播放动画"按钮（▶），在 ImageReady 中预览动画，看看效果如何。最后将文件保存为 gif 格式的动画文件。

7.4   课后练习

【练习项目1】制作蝴蝶飞舞的动画图片。读者自己寻找素材，以鲜花为背景，用三只不同飞舞状态的蝴蝶，制作蝴蝶飞舞的动画。

【练习项目2】为自己家庭的全家福照片制作动画，动画主题：家庭和睦，尊老爱幼，全家幸福。

第8课 制作广告海报

在掌握了 Photoshop 基本操作和基本技能之后，反复练习，不断提高，就可以创作广告、海报了。本课介绍两个广告的创作：钻戒广告和橄榄油广告。从中学习创作的一些理念和技巧，为后面自己创作打好基础。

8.1 创作钻戒广告

创作，就是从新建一个空白文档开始。

Step1 选择菜单中的"文件"→"新建"，将会打开"新建"窗口，如图 8-1 所示，按照图中所示设置参数，然后单击"确定"。

分析：这里用到"分辨率"和"颜色模式"两个概念。"分辨率"是衡量图片质量的一个重要指标，分辨率越高，图片越清晰，但是图片占用的空间也越大。分辨率指的是每英寸有多少个像素。用通俗易懂的话说，一个像素就是一个点。无论是文字，还是图片，都是由若干个点构成的，有的点是黑色的，有的点是红色的。点具有颜色，所以需要颜色模式。计算机表示颜色，使用三原色红（Red）、绿（Green）、蓝（Blue），其他丰富多彩的颜色都是经过三原色（RGB 颜色）调配而成的。本课后面有更多关于颜色的介绍。

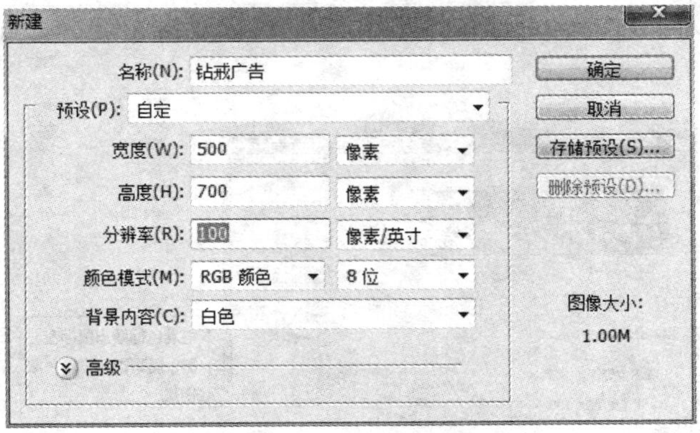

图 8-1 新建文件

Step2 选择菜单"文件"→"打开"，打开"手"和"钻戒"图片，如图 8-2 所示。然后将"手"和"钻戒"图片最小化，留待后面使用。

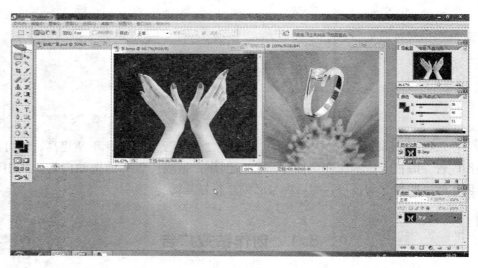

图 8-2　打开素材

Step3 选择工具箱中的渐变工具（），在工具栏中选择"对称渐变"，然后用鼠标左键单击如图 8-3 所示的长条（注意：不是单击下三角），将打开"渐变编辑器"，如图 8-4 所示。

图 8-3　渐变工具栏

Step4 在图 8-4 中，在黑色长条下面的任意位置单击左键，就可以添加"色标"，确保下面总共有 13 个色标。对准第 1 个色标双击左键，将打开颜色编辑器，如图 8-5 所示。

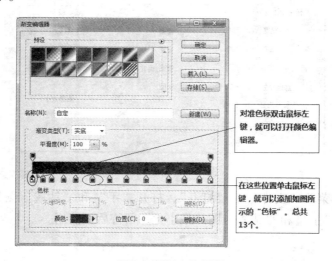

图 8-4　渐变编辑器

Step5 在图8-4中，对准第1个色标双击左键，将打开"拾色器"窗口，如图8-5所示。在图中标示位置输入 R：184，G：149，B：0。

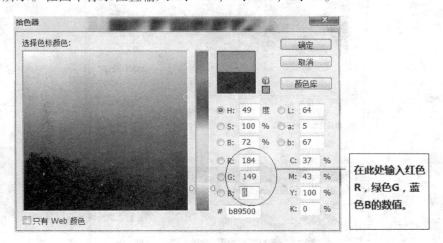

图8-5　拾色器

分析：计算机是如何表示颜色的？计算机表示颜色，使用三原色红（Red）、绿（Green）、蓝（Blue），其他丰富多彩的颜色都是经过三原色调配而成的。计算机用一个数值表示红色：0到255，0表示没有红色，255表示纯红。绿色和蓝色也是这样表示的。那么，红色应该标示为 R：255，G：0，B：0；绿色表示为 R：0，G：255，B：0；蓝色表示为 R：0，G：0，B：255。红色和绿色调配得到黄色，黄色表示为 R：255，G：255，B：0。红色和蓝色调配得到紫色，紫色表示为 R：255，G：0，B：255。白色表示为 R：255，G：255，B：255。黑色表示为 R：0，G：0，B：0。灰色表示为 R：128，G：128，B：128。

Step6 和上一步操作类似，依次为第2个到第13个图标输入颜色值。第2个图标，R：85，G：44，B：9；第3个图标，R：245，G：207，B：46；第4图标，R：117，G：60，B：12；第5个图标，R：184，G：149，B：0；第6个图标，R：85，G：44，B：9；第7个图标，R：36，G：22，B：14；第8个图标，R：85，G：44，B：9；第9个图标，R：85，G：44，B：9；第10个图标，R：245，G：207，B：46；第11个图标，R：85，G：44，B：9；第12个图标，R：245，G：207，B：46；第13个图标，R：85，G：44，B：9。全部设置好之后如图8-6所示。单击"确定"，回到工作区。

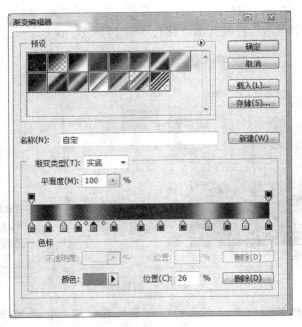

图 8-6　设置好颜色之后的渐变编辑器

Step7 如图 8-7 所示，从图像左上角拉至图像右下角进行填充，填充之后如图 8-8 所示。

图 8-7　从左上角拉至右下角

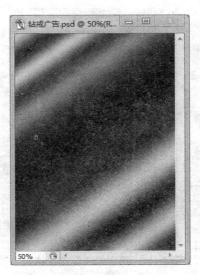

图 8-8　渐变填充之后的图像

Step8 将工作区左下边的"钻戒"图像还原显示，如图 8-9 所示。思考一下，如何把钻戒选中呢？前面学过多边形套索工具，用多边形套索工具将钻戒包围起来，形成的是一个封闭区域，钻戒中间的背景也被包围起来了。如果复制，中间的背景也一起复制。在这个案例当中，多边形套索工具不是恰当的工具。那么，如何只选中钻戒而不选中背景呢？答案是用钢笔工具。

图 8-9　还原显示钻戒图像

Step9 将钻戒放大，然后用钢笔工具（ ）把钻戒选中。在工具箱中，单击钢笔工具，钢笔工具选项栏设置如图 8-10 所示。

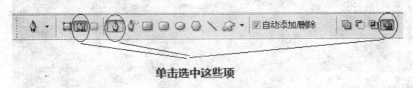

图 8-10　钢笔工具选项栏设置

Step10 用钢笔工具沿着钻戒的外边缘依次单击左键，形成一个封闭区域。然后，沿着钻戒的内边缘单击左键，形成一个封闭区域。操作之后的图像如图 8-11 所示。

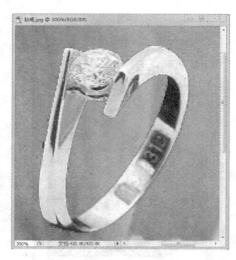

图 8-11　用钢笔工具选择钻戒

  Step11 单击路径调板。这里已经有了刚刚制作的钻戒的"工作路径"，按住 Ctrl 键单击"工作路径"，将路径转化为选区。选择菜单"选择"→"羽化"，在弹出的"羽化"对话框中输入半径 3，单击"确定"完成对选区的羽化。羽化之后，选区边缘更平滑。

  Step12 在钻戒图像中，钻戒已经是一个选区，利用移动工具可以复制到钻戒广告图像中去。在工具箱中单击移动工具（ ），对准钻戒，按住左键往"钻戒广告"图像中拖动，如图 8-12 所示，当看到图中标示图标时，松开左键，钻戒复制到"钻戒广告"图像中了。现在用的是移动工具，拖动钻戒到图 8-13 所示位置。

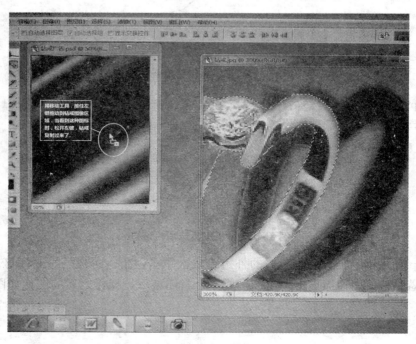

8-12　复制钻戒图像

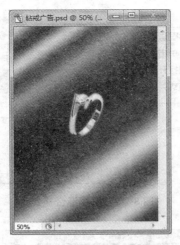

图 8-13　钻戒复制成功

Step13　单击图层调板，将"图层 1"改为"钻戒"。把原来的钻戒图片文件关闭，关闭时询问是否修改，选择"否"，不修改"钻戒"图片文件。

Step14　将图像"手"还原显示。把手选中，用移动工具复制到"钻戒广告"图像中去，如图 8-14 所示，将该图层命名为"手"。

利用菜单"编辑"→"变换"→"缩放"，将手缩小一些，然后单击图层调板中的图层混合模式，如图 8-15 所示，在弹出的菜单中选择"亮度"，使手和背景融为一体，如图 8-16 所示。

图 8-14　手复制过来

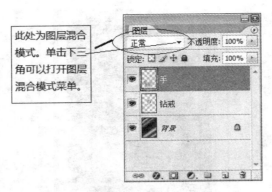

此处为图层混合模式。单击下三角可以打开图层混合模式菜单。

图 8-15　图层混合模式

图 8-16　手与背景融为一体

　　Step15　将图片文件"手"关闭，询问是否修改，选择"否"，不修改"手"图片文件。在图 8-16 中，主题是"钻戒"，将"钻戒"变大一些。

　　Step16　制作光影效果。选中图层"手"，然后单击图层调板底部的新建图层，将新建一个图层，新建图层位于图层"手"之上，把新建图层命名为"照射光"。

　　分析：为什么要新建图层呢？如果不新建一个图层，制作的照射光就在当前选中的图层上。后面将照射光变形时，会将当前图层的图像一起变形，操作就失败了。例如，本次操作当前图层是手，如果不新建一个图层，照射光和手同在一个图层上，将照射光变形时，会连同手一起变形，手变形之后就不好看了。所以，必须新建一个图层，命名为照射光，当将照射光变形时，其他图层受到保护，就不会跟着变形了。

　　新建图层之后，图层窗口如图 8-17 所示。用矩形选框工具（▣）在钻戒上方画一个矩形框，如图 8-18 所示。选择菜单"选择"→"羽化"，在弹出的"羽化"对话框中输入半径 20，单击"确定"关闭"羽化"对话框。将前景色设置为白色，按下 Alt+Delete 键用前景色填充选区，如图 8-19 所示。

分析：如何将前景色设置为白色呢？如图 8-17 所示，在工具箱中，找到"前景色/背景色"，根据图中标示和说明操作即可。

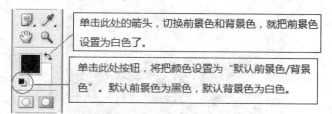

单击此处的箭头，切换前景色和背景色，就把前景色设置为白色了。

单击此处按钮，将把颜色设置为"默认前景色/背景色"。默认前景色为黑色，默认背景色为白色。

图 8-17　图层窗口

图 8-18　在钻戒上方画一个矩形框

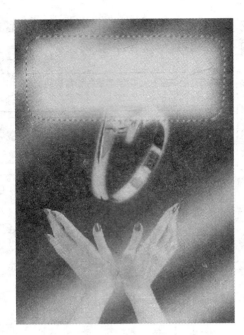

图 8-19　用白色填充之后的效果

Step17 将图像窗口变大，操作方便一些。使用菜单"编辑"→"自由变换"，按住 Ctrl 键将"照射光"变换成如图 8-20 所示的照射效果，按 Enter 键完成变换。

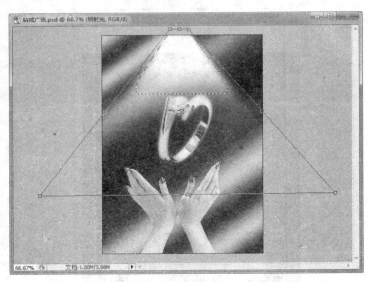

图 8-20　自由变换

Step18 将"照射光"图层的不透明度修改为 80%，这样光影效果更好，如图 8-21 所示。

图 8-21 光影效果图

Step19 在图层调板中，选中"照射光"图层，然后单击图层调板底部的新建图层按钮，这样新建的图层会位于"照射光"图层之上，将新图层命名为"小星星"。

Step20 在工具箱中选择画笔工具（ ），然后在画笔工具选项栏中单击如图 8-22 标示的按钮，打开画笔窗口，如图 8-23 所示。

单击此处按钮，打开画笔窗口。

图 8-22 打开画笔窗口

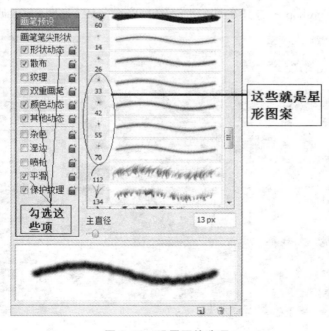

图 8-23 设置画笔选项

Step21 在图 8-23 所示画笔窗口中，根据图中提示，找到星形图案的画笔，勾选左边的部分参数，然后在图像中单击左键，点缀一些星星，如图 8-24 所示。钻戒广告创作完成。

图 8-24　钻戒广告创作完成

8.2　创作橄榄油广告

下面介绍橄榄油广告的创作，其中用到剪贴蒙板、智能对象变形等高级技术，注意模仿学习。

Step1 在 Photoshop 中打开 8-2Start.psd 和 Olives.psd，如图 8-25 所示。

图 8-25　创作橄榄油广告

Step2 选择缩放工具（），然后拖曳出一个包围空白标签中黑白部分的方框，以将其放大，并位于图像窗口的中央，如图 8-26 所示。

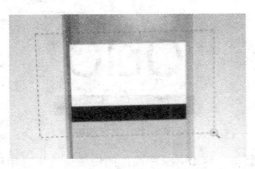

图 8-26　放大特定区域

Step3 选择"视图"→"标尺"，在图像窗口的顶端和左边显示参考线标尺。从左标尺拖曳出一条垂直参考线到标签的中央，然后松开鼠标，如图 8-27 所示。添加参考线是为了让文字居中对齐。

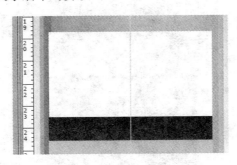

图 8-27　添加参考线

Step4 在图层调板中，确保"Blank Label"图层被选中。然后选择横排文字工具（T.），并在工具选项栏中做如下设置（如图 8-28 所示）：

• 在下拉式列表"字体系列"中选择 Myriad 字体，然后从下拉式列表"字体样式"中选择 Bold。

注意：这里需要安装 Adobe 字体，安装过程很简单。将 Adobe 字体复制到 Windows \ Fonts 文件夹下即可。

• 在下拉式列表"字体大小"中输入 80 点，并按 Enter 键。

• 单击"居中对齐文本"按钮。

在标签白色区域的中央参考线上单击以设置一个插入点，并输入 OLIO。然后单击如图 8-28 所示的文字工具选项栏的（✓）提交所有当前编辑的文字。

单击此处按钮提交文字

图 8-28　文字工具选项栏

单词"OLIO"被加入到标签中，它位于一个新的文字图层（OLIO）中，选择移动工具（）让文字在标签中水平居中，垂直居中，如图 8-29 所示。

图 8-29　文字居中

Step5 创建剪贴蒙板。将 Olives 图像中的橄榄果选中，用移动工具（）拖曳到广告图像中去。关闭 Olives 图像。橄榄果图像拖曳过来之后，相对于标签文字太大了，如图 8-30 所示。

图 8-30　橄榄果复制到广告图像中

Step6 橄榄果复制过来之后，在图层中将会出现一个新图层（图层 1），重新命名为 Olives。选中 Olives 图层，然后选择"编辑"→"变换"→"缩放"，按住 Shift 键并拖曳变换框角上的手柄将其缩小到宽度与白色区域相同，如图 8-31 所示。按 Enter 键，使变换生效。

图 8-31　缩小之后的橄榄果图像

Step7 在图层调板中，如图 8-32 所示打开图层调板菜单。

图 8-32　打开图层调板菜单

在图层调板菜单中，选择"创建剪贴蒙板"，如图 8-33 所示。

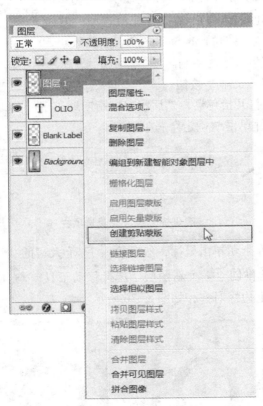

图 8-33　创建剪贴蒙板

现在橄榄果图像将透过字母 OLIO 显示出来。图层 Olives 的缩览图左边有一个小箭头，这表明对它应用了剪贴蒙板，如图 8-34 所示。

分析：剪贴蒙板可以制作有特殊底纹的文字，注意模仿学习。

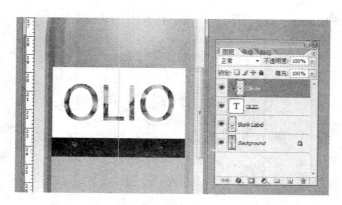

图 8-34　橄榄图像透过文字显示出来

Step8 使用文字技巧在标签顶部创建一些垂直线。在图层调板中，确保没有选中任何图层。为什么要不选中任何图层呢？因为，如果不这样做，重新设置文字工具栏，将修改当前图层的文字。不选中任何图层，如何操作呢？操作为：在图层调板下端的空白处，单击左键，将取消对当前图层的选中，即不选中任何图层。

选中横排文字工具（T.），在文字工具选项栏做如下设置（如图 3-35 所示）：

* 选择一种字体，例如 Ms Sans Serif，字体大小 30 点。
* 保留消除锯齿方法为犀利。
* 单击"左对齐文本"按钮。
* 单击色块以打开拾色器，然后将鼠标指向透过字母 OLIO 显示的橄榄，从中选择一种暗绿色，并单击"确定"按钮。

图 8-35　文字工具选项栏

在白色区域的左上角单击鼠标，然后输入 13 个大写的"I"，单击工具栏上的（✔）提交文字。这将创建一个新图层。选择移动工具（ ），使字母"I"的上边缘与白色区域的上边缘对齐，如图 8-36 所示。

图 8-36

Step9 确保在图层调板中没有选中任何图层，然后选择横排文字工具（ T.）。在工具选项栏上，单击"居中对齐文本"按钮，然后单击色块并选择一种鲜红色，再单击"确定"按钮关闭拾色器。在标签的黑色条带的中央参考线单击鼠标，输入"EXTRA VIRGIN"。选中文字"EXTRA VIRGIN"，单击文字工具选项栏上的打开字符调板按钮，如图 8-37 所示。

单击此处，打开字符调板。

图 8-37　打开字符调板

在如图 8-38 所示的字符调板中，按照图中参数进行设置。单击工具栏上（✔）提交修改，然后选择移动工具（ ✢ ）并拖曳文本"EXTRA VIRGIN"，使其位于标签中黑色条带的中央。

字符间距

图 8-38　字符调板

Step10 设计变形文字。在标签中添加单词"Olive Oil"，然后将其变形，使之更有趣。通过滚动或使用抓手工具（ ✋ ）使标签的橙色部分位于图像窗口的中央，方便操作。在图层调板中确保没有选中任何图层，然后选择横排文字工具（ T.），在字符调板中选择 Garamond 字体，将字体大小设置为 40 点，颜色设置为白色，字符间距设置为 0 。在橙色区域的上半部分单击并拖曳出一个文本框，再输入文字"Olive Oil"。然后单击工具选项栏上的"提交所有当前编辑"按钮（✔）。结果如图 8-39 所示。

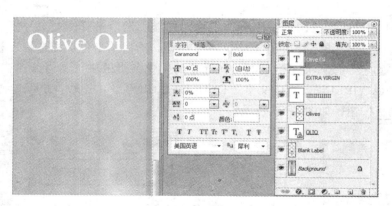

图 8-39

在图层调板中，在图层 Olive Oil 上单击鼠标右键，并从上下文菜单中选择"文字变形"。在"文字变形"对话框中，从下拉式列表"样式"中选择"波浪"并选中单选按钮"水平"。将弯曲设置为+77%，水平扭曲设置为-7%，垂直扭曲设置为-24%，然后单击"确定"按钮，如图 8-40 所示。

图 8-40

Step11 设计段落文字。使用参考线来帮助放置段落。如图 8-41 所示，从左边的垂直标尺上拖出两条参考线，再从顶端的水平标尺上拖出两条参考线。

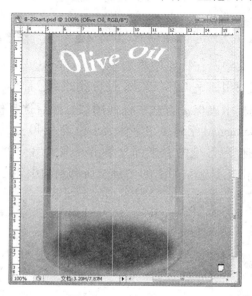

图 8-41　添加参考线

Step12 从注释中添加段落文字。为了节约时间，将段落文字已经输入到注释信息中。双击图像窗口右下角的注释，以打开它（如果看不到注释图标，用抓手工具将图像往左或往上拖曳，直到看到注释图标为止）。如图 8-42 所示。

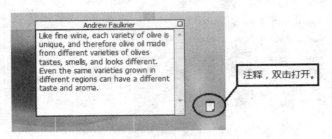

图 8-42　注释信息

Step13 选中注释中的所有文本，按 Ctrl+C 将其复制到剪贴板，然后单击关闭按钮以关闭注释窗口。确保在图层调板中没有选中任何图层，然后选择横排文字工具（T.），并在字符调板中选择 sans serif 字体，将字体大小设置为 10 点，行距设置为 24 点，字符间距设置为 5 点，颜色设置为黑色，如图 8-43 所示。

图 8-43

单击"段落"选项卡，将其拉到最前面，然后单击"左对齐文本"按钮。

在参考线围成的区域中，按住左键拖曳出一个选区，使选区边缘贴近参考线，然后按"Ctrl+V"将文字粘贴出来。

删掉注释信息。操作为：对准注释图标，单击右键，从上下文菜单中选择"删掉注释"。

Step14 确保在图层调板中没有选中任何图层，然后选择横排文字工具（T.），并在字符调板中选择 sans serif 字体，将字体大小设置为 18 点，行距设置为 24 点，字符间距设置为 5 点，颜色设置为白色。在橙色区域的下端输入文字"16 FL Ounces"，提交文字，使其居中，如图 8-44 所示。

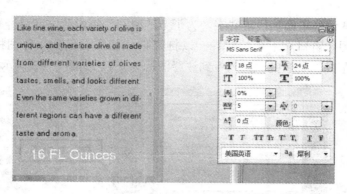

图 8-44

Step15 将图层组合成为智能对象。创建智能对象的工作由两步组成：首先，必须合并文字图层 OLIO 及其剪贴蒙版，然后将组成标签的所有图层组合成一个智能对象。

在图层调板中，单击选中图层 OLIO，再按住 shift 键并单击选中 olives 图层，如图 8-45 所示。然后，对准任何一个选中图层单击右键，从上下文菜单中选择"合并图层"，Photoshop 将把它们合并成一个名为 olives 的图层。

图 8-45

在图层调板中，单击选择图层 Blank Label，再按住 shift 键并单击最上面的图层"16 FL Ounces"，将选中这两个图层之间的所有图层。将鼠标移到选中图层上，单击右键，从上下文菜单中选择"编组到新建智能对象图层中"，如图 8-46 所示。

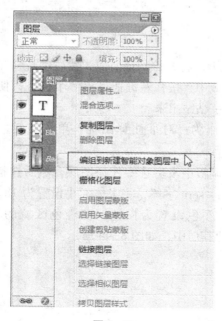

图 8-46

Photoshop 将选中的图层编组到一个智能对象图层中，该图层的名称为最上面的图层的名称：16 FL Ounces。现在，图层调板如图 8-47 所示，智能对象有一个特殊标志。

图 8-47

Step16 智能对象变形。接下来将把变形用于智能对象图层，使之与油瓶的轮廓相称。确保图层"16 FL Ounces"被选中，然后选择"编辑"→"变换"→"变形"。Photoshop 将在图像中显示一个覆盖图层"16 FL Ounces"的 3×3 的网格，用户可以拖曳其中的手柄和直线来使图层变形，如图 8-48 所示。

图 8-48

分别单击每条水平网格线的中点，并向下拖曳，以创建弯曲的标签。拖曳完成后，如图 8-48 所示，按回车键使变形生效。

取消标尺。操作为：单击"视图"，将"标尺"前面的（✔）取消即可。

隐藏参考线。操作为：依次单击"视图"→"显示"→"参考线"，将参考线前面的（✔）取消即可。操作全部完成之后的效果如图 8-49 所示。

图 8-49　橄榄油广告制作完成

选择"文件"→"存储",保存文件。然后关闭图像窗口。

8.3　课后练习

【练习项目 1】创作书店打折广告。

　　参照如图 8-50 所示的书店打折广告,建立一个空白文件,广告中所有元素都自己独立创作,不要复制粘贴。

图 8-50

【练习项目 2】制作主题班会海报,社团宣传海报,或自己感兴趣的广告。

第 9 课　Flash 简介与安装

网络上，我们可以看到很多动画，它们使网页富于动感，吸引眼球。那么，您想过这些动画是怎么制作的吗？

每当提到动画制作，人们就自然联想到 Flash。Photoshop 可以制作简单的动画，更复杂更有创意的动画，还是需要利用 Flash 制作。

您对动画制作感兴趣么？

想一想：如何学好 Flash？

9.1　Flash 简介

Flash 是由 Macromedia 公司推出的交互式矢量图和 Web 动画的标准。使用 Flash 可以创作出既漂亮又可改变尺寸的导航界面以及其他奇特的动画效果。

读者可以在 Flash 中创建原始内容或者从其他 Adobe 应用程序（如 Photoshop 或 Illustrator）导入它们，以便快速设计简单的动画，或使用 Adobe AcitonScript 开发高级的交互式动画项目。Flash 可以包含简单的动画、视频内容、复杂演示文稿和应用程序以及介于它们之间的任何内容。通常，使用 Flash 创作的各个内容单元称为应用程序，即使它们可能只是很简单的动画，也可以通过添加图片、声音、视频和特殊效果，构建包含丰富内容的 Flash 应用程序。

在 Flash 二维动画创作中，需要在 Flash 文档文件中工作。Flash 文档的文件扩展名为.fla（FLA）。Flash 文档有四个主要部分：

（1）舞台。舞台是在回放过程中显示图形、视频、按钮等内容的位置。

（2）时间轴。时间轴用来通知 Flash 显示图形和其他项目元素的时间，也可以使用时间轴指定舞台上各图形的分层顺序。位于较高图层中的图形显示在较低图层中的图形的上方。

（3）库面板。库面板是 Flash 显示 Flash 文档中的媒体元素属性列表的位置。

（4）ActionScript。ActionScript 代码可用来向文档中的媒体元素添加交互式内容。例如，制作者可以添加代码以便用户在单击某按钮时显示一幅新图像，还可以使用 ActionScript 向应用程序添加逻辑。逻辑使应用程序能够根据用户的操作和其他情况采取不同的工作方式。

完成 Flash 文档的创作后，可以使用"文件"→"发布"命令发布它。这会创建文件的一个压缩版本，其扩展名为.swf（SWF）。然后，我们就可以使用 Flash-Player 在 Web 浏览器中播放 SWF 文件，或者将其作为独立的应用程序进行播放。

Flash 以其强大的动画编辑功能，灵活的操作界面，开放式的结构，早已渗透到图形图像设计的多个领域，特别是影视、动漫、游戏、广告宣传等各个领域。

9.2　Flash 的安装与启动

Step 1 下载 Flash CS3 中文版软件，然后打开 Flash CS3 安装软件文件夹，文件夹内容如图 9-1 所示。双击 setup.exe 文件，就可进入 Flash 的安装界面。在安装之前建议先关闭所有的 Internet Explorer 浏览器，否则可能导致安装不成功。

图 9-1　Adobe Flash CS3 安装软件文件夹内容

Step 2 Flash CS3 安装程序自动进行系统检测，如与系统没有冲突，则弹出如图 9-2 所示的安装向导，点击接受。

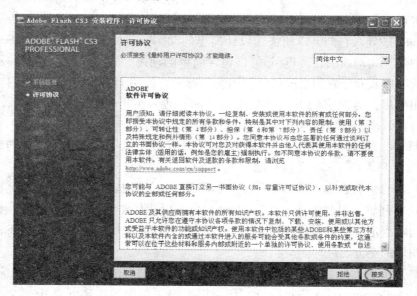

图 9-2　安装向导第一步

Step 3 选定 Adobe Flash Player 9 ActiveX 和 Adobe Flash Player 9 Plugin，点击"下一步"，如图 9-3 所示。

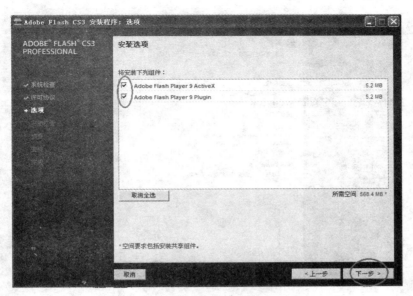

图 9-3　安装向导第二步

Step 4 在此可选择安装路径，确定您所要安装的磁盘大小大于所要安装的软件大小。我们可选择默认安装，不进行路径修改，软件将安装到 C：\ program files \ 目录下。点击"下一步"，如图 9-4 所示。

图 9-4　安装向导第三步

Step 5 在此 Flash CS3 安装程序将进行一个安装摘要的提示，如确认无误，点击安装，如图 9-5 所示，将进入安装界面。

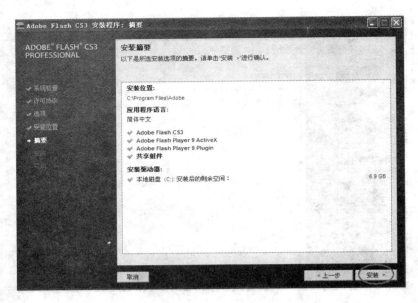

图 9-5　安装向导第四步

Step 6 安装过程根据计算机的配置不同而时间不同，安装过程如图 9-6 所示，整个安装过程需要 3~5 分钟。

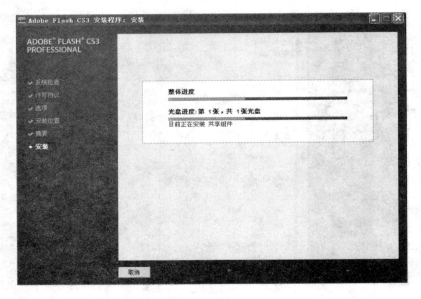

图 9-6　程序安装

Step 7 安装完成后选择"完成并重新启动"按钮，如图 9-7 所示，系统将重新启动并自动完成系统配置。

图 9-7　安装向导第五步

Step 8 重新启动后安装程序会在桌面自动添加 Flash CS3 Pro 的快捷方式，如图 9-8 所示，以后我们就可通过双击桌面上的快捷方式打开 Flash CS3 软件进行动画设计。

图 9-8　桌面快捷图标

Step 9 在桌面上双击 Flash CS3 Pro 图标，进入 Flash CS3 的启动界面，如图 9-9 所示，选择新建 Flash 文件（ActionScript 3.0）就可进入 Flash 操作界面。

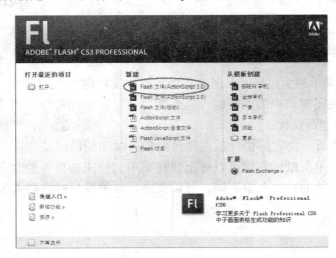

图 9-9　flash 启动界面

Step 10 Flash CS3 启动后的操作界面如图 9-10 所示。

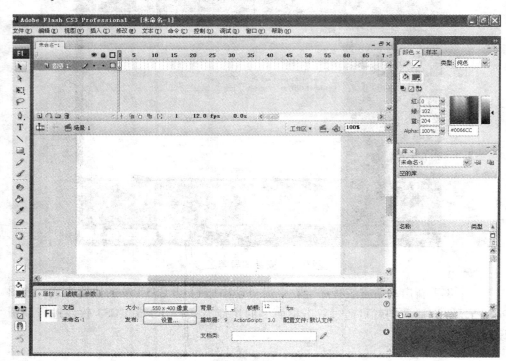

图 9-10　Flash CS3 操作界面

9.3　Flash CS3 的操作界面

打开任何一个 Flash CS3 文件，将显示如图 9-11 所示的用户操作界面，从图中可以看出 flash 的窗口主要由菜单栏、工具箱、舞台、时间轴、属性面板和控制面板等组成。

9.3.1　菜单栏

Flash CS3 菜单栏中包括了在创建文档和操作文档时的常用命令，菜单栏还可以控制打开或关闭窗口中的面板组。熟练掌握菜单栏中的命令，能让读者灵活地运用 Flash 进行动画设计。

除了菜单栏外，将鼠标指针放在舞台对象、时间轴的帧或控制面板中的任何一个对象上时，单击鼠标右键可以弹出快捷菜单，快速选择各种命令。在不同的对象上，系统打开的快捷菜单不同，所以在进行动画设计时，要善于和经常使用鼠标右键。

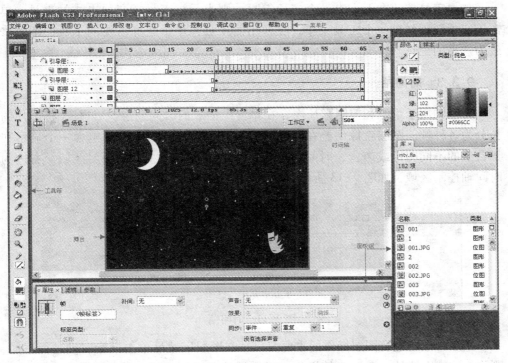

图 9-11　flash cs3 操作界面组成

9.3.2　工具箱

在系统默认情况下，工具箱停放在窗口的左边面板区，以单列显示，用户可通过单击工具面板上方的双箭头█使其双列显示。还可以通过"窗口"→"工具"菜单命令来打开和关闭工具箱，Flash CS3 的工具箱如图 9-12 所示。

图 9-12　工具箱

工具箱包括了常用的绘图工具，按功能划分为工具区域、查看区域、颜色区域、选项区域等。工具箱中的每一个按钮都代表一个工具或选项，使用鼠标单击要选定的工具，按钮呈高亮状态，即表示已经选中该工具。

如果工具按钮右下方有一个三角符号，则表示该工具还有弹出式的工具，单击该三角形则弹出一个工具菜单，在弹出的工具菜单中选择需要的工具，即可修改为选择的工具。

9.3.3　时间轴

时间轴用于组织和控制影片内容在舞台上播放的时间及层次。Flash 将影片的长分为各种帧。图层就像层叠在一起的幻灯片一样，每个图层都包含一个显示在舞台上的不同图像或声音，时间轴分为左右两个区域，左边是图层区域，右边为时间轴控制区域，如图 9-13 所示。

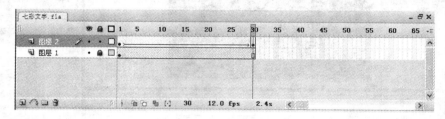

图 9-13　时间轴

图层区域是进行图层操作的主要窗口，在图层区域可单击鼠标右键进行添加、删除、改变图层的放置顺序等操作。时间轴控制区用来控制控件在舞台上显示的时间及顺序，一般上层图层可遮挡住下层图层的内容，主要由播放指针、若干与左边图层对应的动画轨道，轨道中的帧、信息提示栏等组成。

9.3.4　场景与舞台

舞台位于工作界面的正中间位置，是展示给用户看到的区域，用来放置动画内容，这些内容包括插图、按钮、各种元件及视频音频等，如图 9-14 所示。读者可以在舞台的属性面板中设置舞台的大小及舞台显示的比例等各种属性。

图 9-14　场景与舞台

Flash 利用不同的场景组织不同的动画，一个场景就像话剧的一幕一样，可以利用多个场景进行大型的动画制作。一般情况下，简单的动画我们设置一个场景就可以了。

9.3.5 面板组

控制面板在 Flash 动画设计中主要包括工具面板、颜色面板、演变面板、属性面板、对齐面板、信息面板、变形面板、库面板等。各个面板可通过鼠标单击相应面板的标签或双击面板的标题栏打开面板组属性。另外可从窗口菜单打开或关闭各种面板，还可以通过移动、组合、堆叠等操作自定义各种面板，如图 9-15 所示。

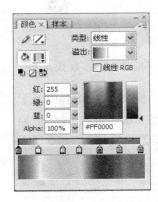

图 9-15 面板组示例

分析：要隐藏或显示所有面板，可按 F4 键，也可以根据应用情况分离或重新组合面板组。

9.4 第一个 Flash 程序

9.4.1 任务说明

用 Flash 制作七彩文字，效果如图 9-16 所示。

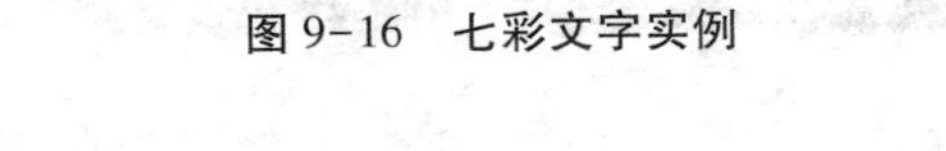

欢迎来到flash世界

图 9-16 七彩文字实例

9.4.2 界面设计

Step 1 双击桌面 Flash CS3 图标，打开 Flash 程序，选择新建一个 Flash 文件（Actionscript3.0），如图 9-17 所示。

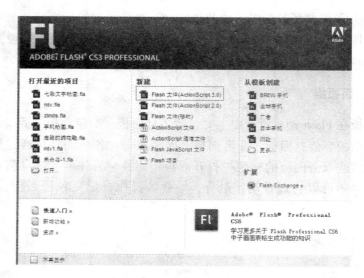

图 9-17　新建 flash 文件

Step 2 点击文本工具 T ，使文本编辑工具处于高亮状态，在字体属性面板中调整字体属性，在舞台中输入"欢迎来到 flash 世界"，用选择工具调整字体分布，使文字在在舞台正中，字体属性设置如图 9-18 所示。

图 9-18　字体属性面板

Step 3 在图层 1 时间轴的第 30 帧处点击鼠标右键，选取插入帧，如图 9-19 所示。

图 9-19　第 30 帧处

Step4 在图层工作区点击锁，将本图层锁定，如图9-20所示。这样在操作其他图层的时候就不会影响到本图层。

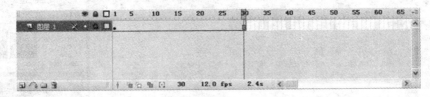

图9-20　锁定图层

Step 5 鼠标右键点击图层1，在弹出的菜单栏中选取插入图层。插入后的图层面板如图9-21所示。

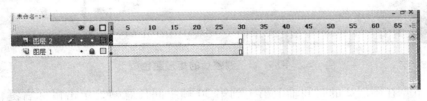

图9-21　添加图层

Step6 鼠标左键点击图层2的第一时间帧，选定矩形工具 ，选择颜料桶颜色为 ，在舞台上画矩形，使所画矩形盖住原来的文字。如图9-22所示。

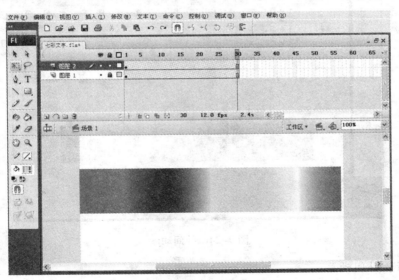

图9-22　图层2画矩形

Step 7 右键单击图层2的第30帧，在弹出的菜单栏中选择转换为关键帧，然后选择任意变形工具 ，点击刚才画的矩形，对矩形进行变形，可按下鼠标左键悬停在矩形的任意一个角上，进行180度的旋转，使其颜色改变，也可选择颜色面板，调整成任意您喜欢的颜色，如图9-23所示。

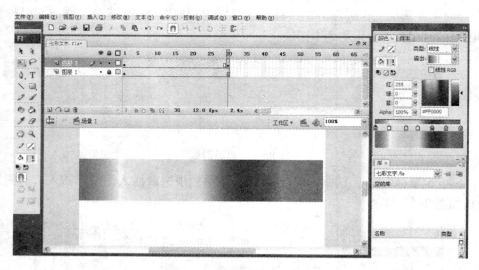

图 9-23 调整后的矩形颜色

Step 8 在图层 2 的时间轴上第 1 到第 30 帧中间任意帧处单击鼠标右键，在弹出的菜单栏中选择创建补间形状，此时在图层 2 上从第一帧到第 30 帧有箭头相连，如图 9-24 所示。

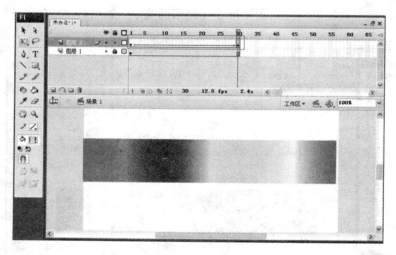

图 9-24 补间动画

分析：补间动画

补间动画：制作 flash 动画时，在两个关键帧中间需要做"补间动画"，才能实现图画的运动；插入补间动画后，两个关键帧之间的插补帧是由计算机自动运算而得到的。

FLASH 动画制作中补间动画分两类：一类是补间形状，用于形状的动画；另一类是补间动画，用于图形及元件的动画。

在 Flash CS3 动画设计中，要善于利用鼠标右键和快捷方式，Flash CS3 把大部分命令集成到鼠标右键弹出菜单中，如果善于利用的话，用户将会节约很多时间。

Step 9 鼠标左键按住图层 1，将图层 1 拖放到图层 2 之上，如图 9-25 所示。

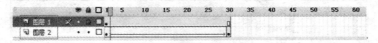

图 9-25　调整后的图层顺序

Step 10 鼠标右键单击图层 1，在弹出的菜单栏中选择遮罩层。此时图层 1 包裹图层 2，如图 9-26 所示。

图 9-26　遮罩层

Step11 选择菜单栏上的"控制"→"测试影片"，或同时按住 Ctrl 键和 Enter 键可进入测试影片，测试完毕后关闭动画播放窗口，测试界面如图 9-27 所示。

欢迎来到flash世界

图 9-27　测试界面

Step 12 选择菜单栏"文件"→"保存"，在弹出的保存对话框选定保存路径及文件名即可保存工程。工程文件名后缀为 . fla，如图 9-28 所示。

图 9-28　保存对话框

Step 13 选择菜单栏"文件"→"导出"→"导出影片"命令，在弹出的导出影片窗口中输入文件名以及选择保存路径，如图 9-29 所示。

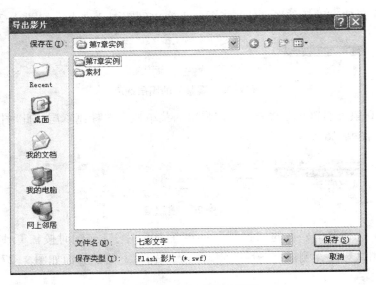

图 9-29　导出影片对话框

Step14 单击保存，进入导出 Fash Player 属性面板，选择相应的属性，点击"确定"按钮，此时您的第一个动画就制作完毕了，如 9-30 所示。

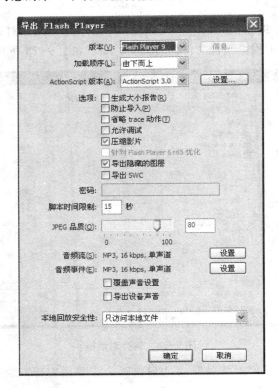

图 9-30　导出 Flash Player 属性面板

分析：fla 文件通常称之为源文件，我们可以在 Flash 中打开、编辑和保存它。它在 Flash 中的地位就像 PSD 文件在 Photoshop 中的地位，我们所有的原始素材都保存在 fla 文件中。由于它包含所需要的全部原始信息，所以体积较大，fla 文件最好保留，方便下次直接编辑。

Swf 文件为导出格式文件，需要 swf 播放器才能够播放。swf 播放器其实就是 Adobe 公司开发的 Flash Player 软件。它是一款高级客户端运行时的播放器，能够应用在各种浏览器、操作系统和移动设备上。目前，超过 8.2 亿台的连接 Internet 的桌面计算机和移动设备上都安装了 Flash Player。它使公司和个人能够构建并带给最终用户美妙的数字体验。

9.5　课后练习

【练习项目 1】了解 FLASH 动画，在网上搜索 FLASH 的应用，如 FLASH 动画、FLASH 广告、FLASH 游戏等。

【练习项目 2】学会下载网页内嵌的 FLASH，用搜索引擎搜索相关软件，并学会制作。

第 10 课　探照灯的制作

　　您见过探照灯吗？本课介绍文字探照灯和图片探照灯的制作。文字探照灯就是文字在黑暗处，只有探照灯照射到的地方，文字才显示出来。图片探照灯就是图片在黑暗处，只有探照灯扫过的地方，图片才显示出来。

　　探照灯使文字和图片变得更加有趣。

　　您想学习探照灯的制作么？

　　探照灯动画是用 Flash 模拟探照灯的照射效果，实现探照灯照射功能。这里会用到 Flash 中的遮罩层及遮罩层应用。所谓遮罩层，我们可以理解为是一个透明的窗口，它使位于它下面的链接图层在被遮罩区域里的动画内容能被显示出来。

　　下面首先介绍文字探照灯的制作步骤。

10.1　文字探照灯的制作

　　Step1 首先新建一个工程，选择新建 Flash 文件（ActionScript3.0），如图 10-1 所示。

图 10-1　新建工程

　　Step 2 设置舞台大小为 500×400，舞台即是展示给用户的界面，设置舞台背景颜色为黑色，如图 10-2 所示。

图 10-2　舞台属性面板

Step 3 单击文本工具 T 图标，T 被选中，在第 1 帧的舞台中央输入"欢迎使用 flash"，设置字体的大小与颜色等属性，如图 10-3 所示。

图 10-3　字体属性面板

Step 4 在图层 1 的第 50 帧处单击鼠标右键，在弹出的菜单栏里选择添加关键帧，添加完成后如图 10-4 所示。

图 10-4　添加关键帧

Step 5 在"插入"→"新建元件"中打开新建元件对话框，在对话框的名称栏输入"圆"，类型选择"图形"，如图 10-5 所示，单击确定就进入元件编辑窗口。

图 10-5　新建元件对话框

　　分析：元件是存放在元件库中的图形、按钮、影片剪辑或音频视频文件。读者可以创建或导入一些元件，当需要时打开元件库，就可以直接引用。元件只需创建一次，可在 Flash 中重复使用。

　　使用元件可以简化编辑，这是由于修改元件后，将使所有对应的多个实例不必逐一修改而自动更新。一个元件的多个实例只占用一个元件的空间，这也是 Flash 动画体积小的主要原因。

　　Step 6 对准工具栏上"矩形工具" ▣ 图标，按住左键持续 3 秒就会弹出如图 10-6 所示的菜单，从中选择"椭圆工具" ◯。在画椭圆的同时按住 Shift 键（按住 Shift 键可以确保长宽比例相等，画出来就是圆），在元件编辑窗口中画圆，如图 10-6 所示，此时就完成了元件"圆"的创建，在库面板中就可看到"圆"元件。

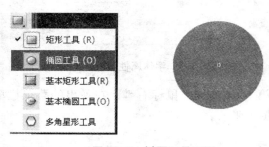

图 10-6　椭圆工具画圆

　　Step 7 单击"场景"，如图 10-7 所示。回到场景编辑窗口。

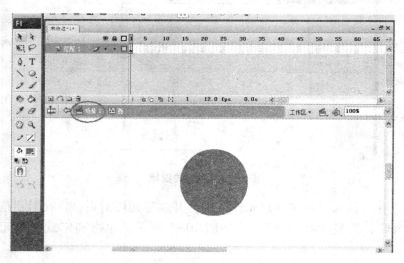

图 10-7　场景

　　Step 8 在图层 1 面板上单击鼠标右键，在弹出的菜单栏中选择添加图层，可添加图层 2，鼠标左键单击图层 2 的第 1 帧，此时图层 2 上有一个铅笔符号，确保编辑在第二图层上。将"圆"元件从库面板中拖放到舞台中，效果如图 10-8 所示。

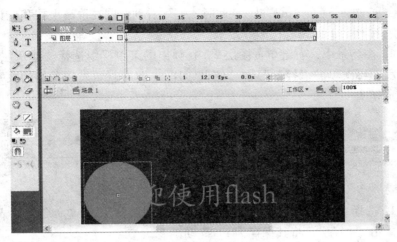

图 10-8　将元件添加到舞台

Step 9 在第 25 和第 50 帧处分别添加关键帧。方法是在第 25 帧和第 50 帧处分别单击鼠标右键，在弹出的菜单栏中选择添加关键帧。在第 25 帧处调整元件"圆"的位置，如图 10-9 所示，第 50 帧圆的位置与第 1 帧位置相同。

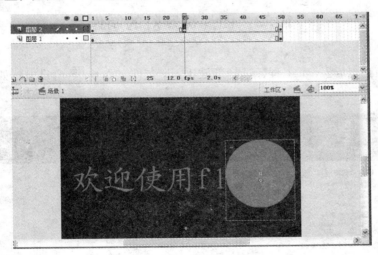

图 10-9　第 25 帧

Step 10 在图层 2 的第 1 帧到第 25 帧中间和第 25 帧到第 50 帧中间分别单击鼠标右键，在弹出的菜单中选择"创建补间动画"，创建这两个区间的补间动画，创建后图层 2 如图 10-10 所示。

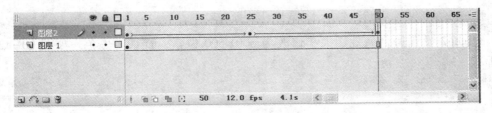

图 10-10　补间动画

单击"控制"→"测试影片"，此时我们可看到此圆在屏幕上按我们设计的补间动画左右移动。下面设置探照灯效果。

Step 11 在场景中，右键单击图层 2，在弹出的菜单栏中选择"遮罩层"，如图 10-11 所示。再次单击"控制"→"测试影片"，此时就可发现我们的文字探照灯就设计完成了。

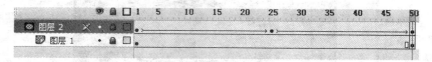

图 10-11　创建遮罩层

Step 12 选择"文件"→"导出"→"导出到影片"菜单命令，输入文件名称，然后单击"保存"，将其保存为 Flash 动画。

还有另外一种探照灯效果，就是灯光是从一个点照射出来，一束灯光来回运动，在灯光下的物体或图片可显示，不在灯光下的物体无法显示，这就是图片探照灯。下面我们来介绍这种动画的制作步骤。

10.2　图片探照灯的制作

Step1 首先新建一个工程，选择新建 Flash 文件（ActionScript3.0）如图 10-12 所示。

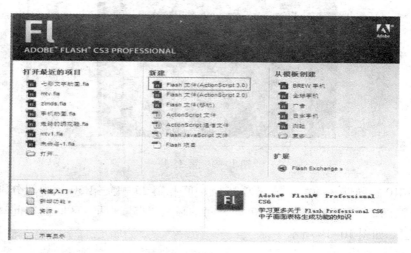

图 10-12　新建文件

Step2 设置舞台属性，大小修改为 600×500 像素，背景为黑色。如图 10-13 所示。

图 10-13　设置舞台属性

Step 3 选择菜单栏下 "文件" → "导入" → "导入到舞台"，弹出打开对话框，选定上课素材第 10 课的 "九寨沟图片"，单击打开，就可把图片导入到舞台。如图 10-14 所示。

图 10-14　导入对话框

Step 4 单击刚刚导入的图片，修改图片的属性，宽为 600，高为 500，x 为 0，y 为 0，这样就可把图片完全显示在舞台中央了，如图 10-15 所示。

图 10-15　图片属性

Step 5 在图层 1 的第 60 帧处插入关键帧。

Step 6 制作一个三角形元件。依次打开菜单"插入"→"新建元件",在"创建新元件"对话框中,将名称修改为"三角形",类型为"图形"。如图 10-16 所示。

图 10-16　制作三角形元件

Step 7 在工具箱中选择"矩形工具"(　),填充颜色设置为蓝色,在舞台中间画一个矩形,如图 10-17 所示。

图 10-17　在舞台中间画出蓝色矩形

Step 8 在工具箱中,选择隐藏在"钢笔工具"后面的"删除锚点工具"(　),对准蓝色矩形的右上角单击左键,删除锚点之后,蓝色矩形变成蓝色三角形。如图 10-18 所示。

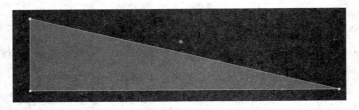

图 10-18　三角形元件

Step 9 在舞台上,单击"场景 1",回到场景制作界面。调整工作区的大小为 50%,以方便后继操作,如图 10-19 所示。调整工作区的大小,就相当于 Photoshop 的缩放功能。

图 10-19

Step 10 在图层 1 面板上单击鼠标右键,在弹出的菜单栏中选择"插入图层",可添加图层 2,鼠标左键单击图层 2 的第 1 帧,此时图层 2 上有一个铅笔符号,表示图层 2 是当前图层。将"三角形"元件从库面板中拖放到舞台中,效果如图

10-20 所示。

图 10-20

Step 11 选择任意变形工具 ，将三角形变大一些，确保三角形能够扫描整个图像。再将三角形中心的一个小圆圈移动到三角形的右边顶点位置，如图 10-21 所示。在图层 2 的第 30 帧和第 60 帧处分别单击鼠标右键，在弹出的菜单中选择插入关键帧。

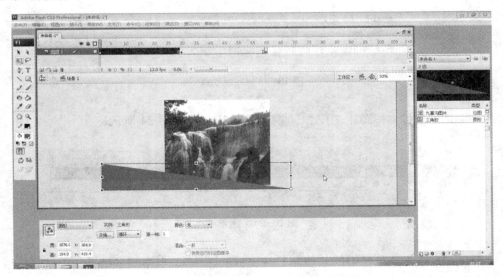

图 10-21　调整中心点

Step 12 单击图层 2 的第 30 帧，选定任意变形工具 ，以刚刚设定的小圆圈为中心进行移动，位置如图 10-22 所示。

图 10-22 调整后位置

Step 13 分别在图层 2 的第 1 到第 30 帧和第 30 帧到第 60 帧之间单击鼠标右键，在弹出的菜单中选择创建补间动画，如图 10-23 所示。

图 10-23 补间动画

Step 14 鼠标右键单击图层 2，选择遮罩层，如图 10-24 所示。

图 10-24 遮罩层

Step 15 单击菜单栏中的"控制"→"测试影片"，观察测试结果。测试完毕后关闭动画播放窗口，测试界面如图 10-25 所示。

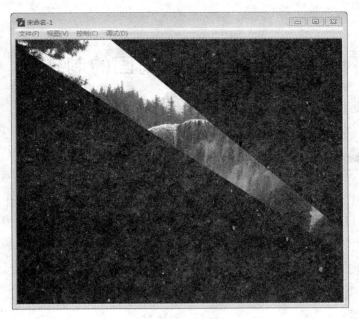

图 10-25　测试

Step 16 选择菜单栏中"文件"→"导出"→"导出影片"菜单命令，在弹出的导出影片对话框中输入文件名"九寨沟图片探照灯"，然后单击"保存"按钮，将其保存为 Flash 动画。

10.3　课后练习

【练习项目 1】新建一 FLASH 文档，在场景中绘制 2 个圆形。创建一个遮罩层，并在遮罩层上绘制一个矩形，并且矩形的位置和大小正好完全遮住其中一个小球，保存文件并预览。在两个图层的第 30 帧处分别添加关键帧，在遮罩层的第 30 帧画让矩形盖住另外一个圆形，并添加补间动画，保存并预览，观察两次的结果有什么不同。

【练习项目 2】制作转动的风车。

【练习项目 3】制作霓虹灯字。

第 11 课　画卷动画的制作

您见过画卷动画吗？

画卷动画就是模拟人打开一卷画的过程，形象生动。

怎么样？有兴趣学习吗？

本案例主要运用遮罩制作画卷的展开动画以及运用引导层来制作蝴蝶飞舞的效果，如图 11-1 所示。运动引导层可以绘制引导路径，让多个对象沿着这些路径运动，其路径可以是一条直线，也可以是一条曲线。下面介绍画卷动画的具体制作方法。

图 11-1　画轴动画

11.1　画轴的绘制

Step 1 首先创建一个名为"画轴"的图形元件。

点击"插入"→"新建元件"，进入"新建元件"对话框，在名称栏输入"画轴"，类型选择为"图形"，如图 11-2 所示，单击"确定"，进入画轴图形元件编辑窗口。

图 11-2　元件对话框

Step 2 右键单击图层 1，在弹出的菜单中选择"属性"进入图层属性对话框，在名称栏填写"画轴"，轮廓颜色选择黑色，如图 11-3 所示。

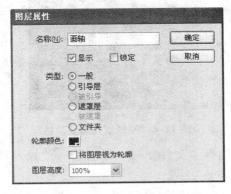

图 11-3　图层属性

Step 3 单击工具栏中的矩形工具，在矩形工具的属性中选择"矩形边角半径"为 100，填充颜色为渐变![]，笔触颜色![]选择黑色，如图 11-4 所示，在舞台中央绘制矩形。

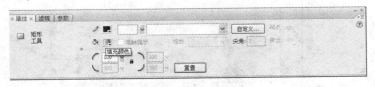

图 11-4　矩形工具属性

Step 4 右键单击画轴图层，在弹出的菜单中选择添加图层，用 Step 3 步骤在新图层上添加一个矩形，可在矩形属性窗口中调整矩形的宽度与高度及矩形边角半径。添加后的效果如图 11-5 所示。

图 11-5　画轴

11.2　制作画布

Step 1 创建一个名为"画布"的图形元件，点击"插入"→"新建元件"，在弹出的对话框中命名为"画布"，类型选择"图形"，用矩形工具绘制矩形，并填充渐变颜色，如图 11-6 所示。单击矩形到矩形属性窗口，将矩形的宽和高分别设置为 500 和 400。

图 11-6　矩形填充渐变颜色

Step 2 在主菜单中选择"文件"→"导入"→"导入到库"菜单命令，选择图片，将图片导入到库中。

Step 3 从库面板上将图片拖放到画布中，单击图片进入图片属性窗口，修改图片大小及位置；或使用任意变形工具 调整图片的大小和位置，如图 11-7 所示。

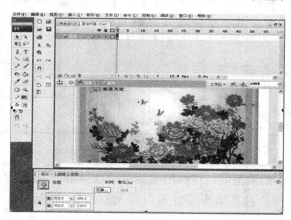

图 11-7　调整后位置

11.3　绘制蝴蝶

Step 1 新建一个名为"蝴蝶"的影片元件。选择"插入"→"新建元件"，在弹出的对话框名称栏上输入"蝴蝶"，类型选择"影片剪辑"，点击"确定"。选择第 1 帧，在舞台中用"钢笔"工具 和选择工具 及任意变形工具 ，分别在不同的图层中绘制蝴蝶的翅膀和身体以及蝴蝶的触角及尾部，在不同的图层中分别绘制蝴蝶的形状是为了在后继帧中便于修改蝴蝶的形状，如图 11-8 所示。

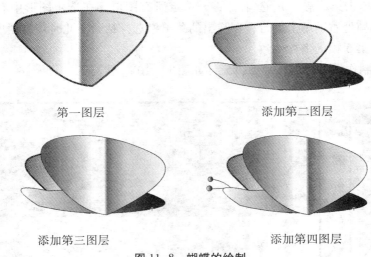

第一图层　　　　　　　　　　　　添加第二图层

添加第三图层　　　　　　　　　　添加第四图层

图 11-8　蝴蝶的绘制

Step 2 分别在不同的图层中右键单击第 3 帧，在弹出的菜单里选择"插入关键帧"，用任意变形工具 ▦ 调整第 3 帧中蝴蝶翅膀的形状以及蝴蝶触角的位置，如图 11-9 所示。

Step 3 然后在第 5 帧创建新的关键帧，再按任意变形工具 ▦ 调整蝴蝶翅膀的形状以及蝴蝶触角的位置。

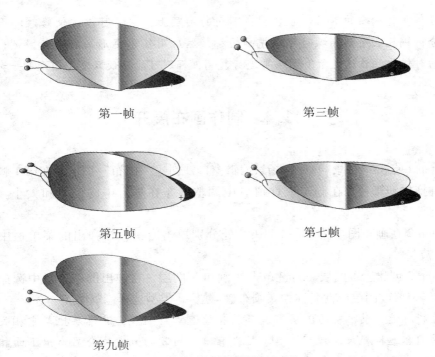

第一帧　　　　　　　　　　　　　第三帧

第五帧　　　　　　　　　　　　　第七帧

第九帧

图 11-9　不同帧处蝴蝶的形状

Step 5 右键单击第 1 帧，用选择工具 ▹ 选定所有图形，复制第 1 帧到第 9 帧处。蝴蝶在不同帧处的形状如图 11-9 所示。

Step 6 单击第 3 帧，用选择工具 ▹ 选定所有图形，在选定图形中右键选择复制，在第 7 帧处右键单击舞台，在弹出的菜单栏选择粘贴，此时注意图形的坐标应选择与原来第 3 帧的坐标一致。

Step 7 制作好的蝴蝶影片剪辑元件如图 11-10 所示。

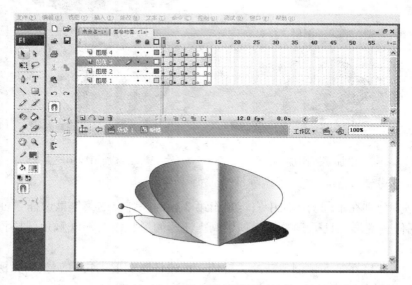

图 11-10　制作好的蝴蝶图形元件

分析：将蝴蝶的不同部分绘制在不同的图层上，这样可以方便修改蝴蝶的不同部分；钢笔在绘制蝴蝶时可以先画轮廓，然后用任意变形工具进行微调；在复制帧的时候要注意选定所有图层再进行复制，否则可能导致只复制图形的一部分。

11.4　制作画布展开

Step 1 点击"场景"，回到场景编辑窗口，创建"画布"图层，在第 1 帧将画布元件拖放到舞台，在画布属性窗口中调整画布在舞台中的位置和大小。如图 11-11 所示。

Step 2 在画布图层第 40 和 110 帧处分别单击右键，在弹出的菜单栏中选择"插入帧"。

Step 3 创建遮罩图层。右键单击"画布"图层，在弹出的菜单栏中选择"插入图层"，修改图层属性名称为"画布遮罩层"，类型选择遮罩层。

分析：遮罩动画中的图层由遮罩层和被遮罩层组成，遮罩层把与它相关联的图层的内容遮挡起来，只有在遮罩层上有填充内容的地方才会显示出下面相关图层的内容，即遮罩动画表现出来的外观是由遮罩层的形状决定的。

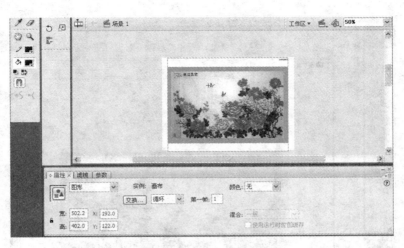

图 11-11　添加画布到舞台

在制作动画补间的时候，注意在补间的过程中要能够完全覆盖画面。

Step 4 在画布遮罩层第 1 帧处用矩形工具绘制一个矩形，高度以盖住画面为准，宽度为 10，在画布遮罩层第 40 帧处单击鼠标右键，在弹出的菜单中选择"插入关键帧"，单击刚刚画的矩形，调整矩形框的宽度为 500，此时矩形框应该能够盖住整个画面。在画布遮罩层第 1 帧到第 40 帧中间单击鼠标右键，在弹出的菜单中选择创建补间形状，效果如图 11-12 所示。

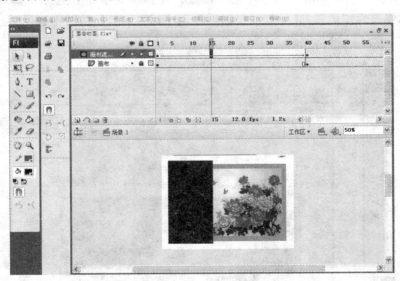

图 11-12　补间形状

Step 5 增加画轴移动效果。右键单击"画布遮罩层"，在弹出的菜单中选择"插入图层"，修改新建图层属性名称为"画布移动"。在画布移动图层第一帧处将画轴元件拖放到舞台，在画布移动图层的第 40 帧处单击鼠标右键，在弹出的菜单中选择新建关键帧，水平拖放画轴到画布的最后端，然后在第 1 帧和第 40 帧中间单击鼠标右键，在弹出的菜单中选择"创建补间动画"，如图 11-13 所示。

图 11-13　补间动画

Step 6 鼠标右键单击"画布移动"图层，在弹出的菜单中选择"插入图层"，图层名称修改为"画轴"，添加或复制画轴元件到第一帧，然后用选择工具调整画轴的位置如图 11-14 所示。

图 11-14　调整画轴位置

11.5　制作按预定路径飞舞的蝴蝶

Step 1 新建一个名为蝴蝶的图层。

Step 2 在图层面板下方单击添加运动引导层 按钮或在蝴蝶图层单击鼠标右键，在弹出的菜单中选择添加引导层。选择第 5 帧，使用钢笔工具绘制一条曲线作为蝴蝶的飞行路线，如图 11-15 所示，然后在第 110 帧处创建关键帧。

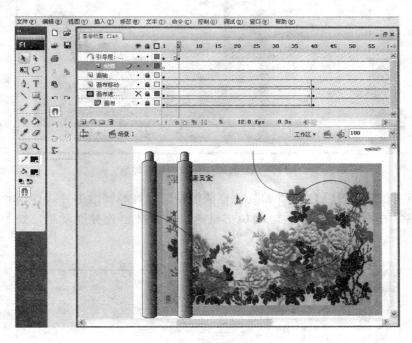

图 11-15　引导层的使用

Step 3 选择蝴蝶图层的第 5 帧，在库面板里将蝴蝶影片元件拖放到舞台，在蝴蝶影片元件属性窗口中调整蝴蝶的大小，如果在 step2 制作的蝴蝶方向不对，可在"修改"→"变形"→"水平翻转"菜单命令中将蝴蝶方向调正，并将蝴蝶吸附在引导线的右端，如图 11-16 所示。

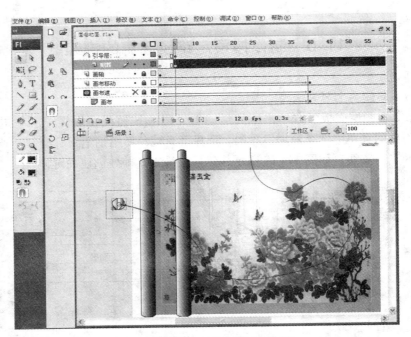

图 11-16　蝴蝶元件吸附在引导线

Step 4 在蝴蝶图层的第 25 帧处创建关键帧，并将蝴蝶沿引导线移动到接近花朵的位置，在第 1 到第 25 帧之间单击鼠标右键选择创建补间动画，如图 11-17 所示。

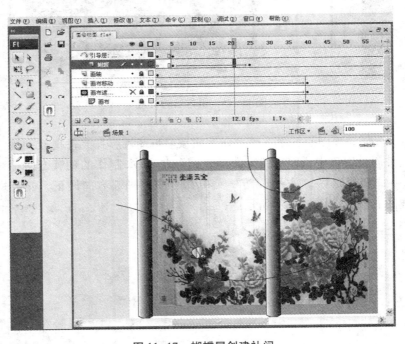

图 11-17　蝴蝶层创建补间

Step 5 在蝴蝶图层右键分别单击第 40 帧、第 60 帧、第 75 帧、第 90 帧，在弹出的菜单中选择插入关键帧。调整第 60 帧、第 90 帧处蝴蝶的位置。在第 40 帧到第 60 帧，第 75 帧到第 90 帧，第 90 帧到第 110 帧中间分别单击右键在弹出的菜单中选择创建补间动画。

Step 6 用上面的步骤再制作另一个飞舞的蝴蝶。

分析：引导动画可以通过制作引导图层来使对象沿着固定的引导路径运动；引导动画至少需要两个图层：一个是被引导层，里面存放着对象；一个是引导层，里面存放着对象的路径。在制作引导动画的时候，要让被引导层里面的对象"吸附"在引导路径上。

11.6　导出动画

Step 1 选择"控制"→"测试影片"来测试动画效果，然后关闭动画播放窗口。

Step 2 选择"文件"→"保存"菜单，在弹出的保存对话框中输入文件名，进行保存。

Step 3 选择"文件"→"导出"→"导出影片"菜单命令，在弹出的导出影片对话框中输入文件名称，然后单击保存按钮，将其保存为 Flash 动画。

11.7　课后练习

【练习项目 1】制作一个小球下落又弹起的动画。提示：在场景中绘制一个小球；创建一个引导层，在该层中绘制小球的弹跳路径；建立小球运动的关键帧；在小球落地的那一帧，将小球压扁一些，是看上去更逼真；保存并预览结果。

【练习项目 2】制作树叶落下的效果。

第 12 课　网络相册的制作

网络相册，在很多网页、QQ 空间、个人主页空间、邮箱等都可以看到。网络相册，就是在网络上展示相册。网络相册首先显示一张图片，然后左边有向左的箭头，单击左箭头可以往前浏览图片，右边有向右的箭头，单击右箭头可以往后浏览图片。到最后一张图片可以用文字说明这是最后一张图片，也可以循环到第一张图片继续显示。到第一张图片可以用文字说明这是第一张图片，没有左箭头；也可以循环到最后一张图片继续显示。

网络相册是一个很实用的技术。以前您可能浏览过、使用过网络相册。现在亲手制作一下，感受网络相册的魅力。

单击左箭头往前翻，单击右箭头往后翻，这是通过程序实现的。这些程序在 Flash 中称为脚本。下面，首先介绍 Flash 脚本语言。

12.1　Flash 脚本语言基础

制作出一幅好的动画作品，特别是交互式动画，很多时候需要用到动作脚本语言对动画进行编程。

ActionScript 是 Flash 的脚本语言，通过脚本语言可以实现动画的交互，制作各种特殊效果等。用户可以不使用 ActionScript 设置动画，但是，如果用户要提供基本或复杂的与用户的交互性、使用除内置于 Flash 中的对象之外的其他对象（例如按钮和影片剪辑），则需要使用 ActionScript。

要实现动画的交互功能，必须打开"动作—帧"面板。打开"动作—帧"面板的方法有如下几种：

（1）在时间轴的某个关键帧上单击右键，在弹出的菜单中选择"动作"命令可打开"动作—帧"面板。

（2）单击时间轴的某个关键帧，选择"窗口"→"动作"命令，可打开"动作—帧"面板。

（3）单击时间轴的某个关键帧，按下 F9 键也可打开"动作—帧"面板。

12.2　脚本语言常用命令

（1）stop 和 play 函数

paly 和 stop 命名是一对作用相反的命令，在动画播放的过程中，如果没有特殊的说明，动画将按照时间轴面板上的帧播放，使用 paly 和 stop 命令，可以控制动画在指定位置的播放与停止。play 和 stop 语句没有参数，其语法格式为：paly（）和 stop（）。

（2）gotoAndStop 函数，其语法格式如下：

gotoAndStop（［scene：String］，frame：Object）：Void

将播放头转到场景中指定的帧并停止播放。如果未指定场景，播放头将转到当前场景中的指定帧。只能在根时间轴上使用 scene 参数，不能在影片剪辑或文档中的其他对象的时间轴内使用该参数。

参数

scene：String［可选］－ 一个字符串，指定播放头要转到其中的场景的名称。

frame：Object － 表示播放头转到的帧编号的数字，或者表示播放头转到的帧标签的字符串。

（3）gotoAndPlay 函数，其语法格式如下

gotoAndPlay（［scene：String］，frame：Object）：Void

将播放头转到场景中指定的帧并从该帧开始播放。如果未指定场景，则播放头将转到当前场景中的指定帧。只能在根时间轴上使用 scene 参数，不能在影片剪辑或文档中的其他对象的 时间轴内使用该参数。

（4）nextFrame 和 prevFrame 函数

nextFrame 用于指定时间轴上的播放头跳至下一帧，并停留在该帧，其语法格式是：nextFrame（）。

nextFrame（）里的参数可以是数值，如：nextFrame（5），表示停留在从当前帧往下的第 5 帧处。

prevFrame 函数与 nextFrame 函数相反，用于指定时间轴上的播放头跳至前一帧，并停在该处，其语法格式是：prevFrame（）。

（5）on 处理函数，其语法格式如下：

on（mouseEvent：Object）｛

// your statements here

｝

指定触发动作的鼠标事件或按键。

其中参数 mouseEvent：Object － mouseEvent 是一个称为事件的触发器。当事件发生时，执行该事件后 面大括号（｛｝）中的语句。读者可以为 mouseEvent 参数指定下面的任一值：

press 当鼠标指针滑到按钮上时按下鼠标按钮。

release 当鼠标指针滑到按钮上时释放鼠标按钮。

12.3 网络相册的制作

利用 Flash 来制作网络相册，在场景中单击向前或向后播放按钮，程序会找到存放相片的文件夹并在舞台中显示图片。另外，如有新的图片，只需把图片加入相应的相册文件夹，修改程序中的数字即可。制作完成后可把它放到网络上或传给同学们相互观看，需要注意的是最后的 Flash 文档的保存应与图片和视频音频文件夹保存在同一目录下。

下面来具体讲解下如何操作：

Step1 新建一个文件，选择 Flash 文件（ActionScript2.0），注意这里是 ActionScript2.0，如图 12-1 所示。

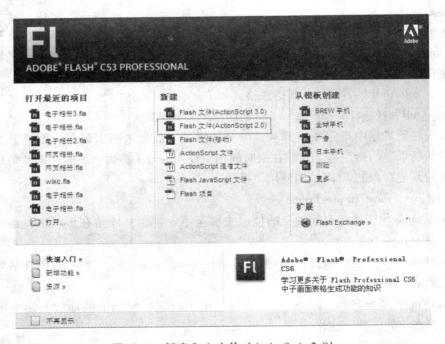

图 12-1 新建 flash 文件（ActionScript2.0）

Step2 设置舞台大小为 550×400，单击菜单栏中"文件"→"保存"，在弹出的对话框输入"网络相册"，单击"保存"，如图 12-2 所示。

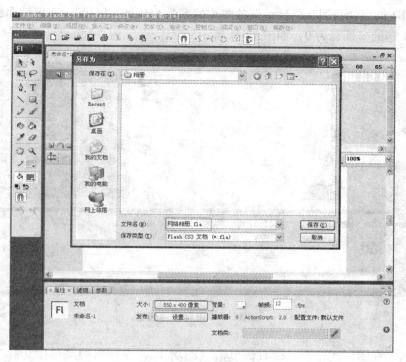

图 12-2　保存对话框

Step3 选择菜单栏下"文件"→"导入"→"导入到舞台"命令，在弹出的导入对话框中选择文件"back.jpg"，单击"打开"按钮，如图 12-3 所示。

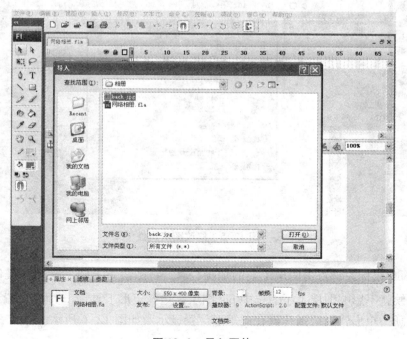

图 12-3　导入图片

Step4 调整背景图片属性，调整图片的宽为 550，高为 400，在属性面板中设置 x 轴和 y 轴的坐标都为 0，如图 12-4 所示。

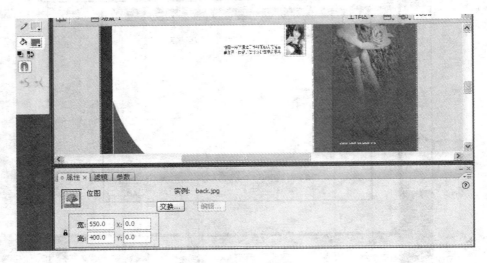

图 12-4　设置图片属性

Step5 在图层面板上鼠标右键单击"图层 1"，在弹出的菜单中选择"插入图层"，此时在图层面板上增加一个图层——图层 2，鼠标右键单击"图层 2"，选择属性，在名称栏输入 pic，此时图层 2 的名称更改为 pic，如图 12-5 所示。

图 12-5　修改图层属性

Step6 鼠标左键点击图层 1 上的加锁栏 🔒，将图层 1 上锁，这样在操作其他图层的时候就不影响图层 1 了。选中 pic 图层，选择矩形工具 ▢，填充设置为无，在背景上画一矩形，以后图片就在此矩形位置显示。如图 12-6 所示。

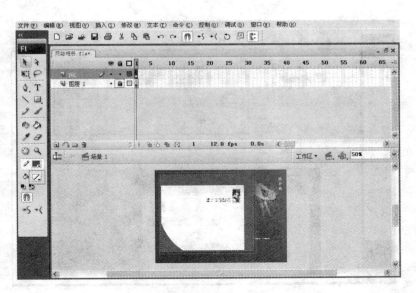

图 12-6　图层上锁

Step7 双击矩形的边框，此时在矩形属性面板上可显示矩形的宽、高及 x、y 值。记录宽为 386，高为 328，及 x 为 22，y 为 20。记录宽高是为了修改被显示图片的大小，记录 x、y 是为了后面编程让图片显示在固定的位置，如图 12-7 所示。

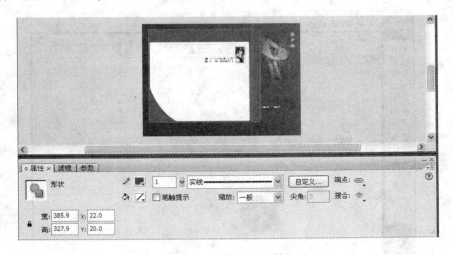

图 12-7　矩形框属性

Step8 用 PhotoShop 或其他软件把所要显示的图片统一修改为 386×328 备用。

Step9 制作按钮元件

选择"插入"→"新建元件"，在弹出的对话框名称栏输入 button，类型选择按钮，点击确定，就进入按钮编辑窗口，如图 12-8 所示。

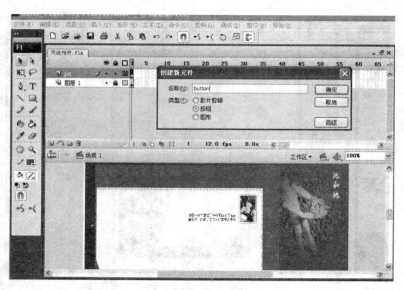

图 12-8　新建元件

Step10 对准矩形工具 ▣ 长时间按住左键，将打开一个菜单，从中选择椭圆工具。修改椭圆工具的属性，笔触颜色为#00FF00，笔触大小为 5，按住 Shift 键，在舞台上画圆，如图 12-9 所示。

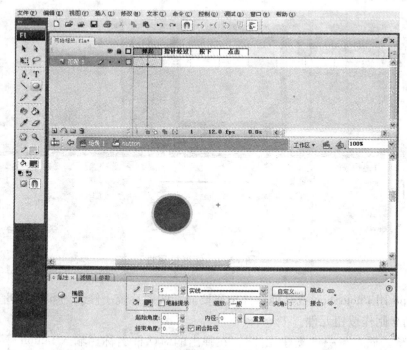

图 12-9　建立按钮元件

Step11 新建一个图层，系统自动命名为图层 2。单击矩形工具 ▣，选择多角星形工具 ◎，点击属性上的选项，进入星形工具设置，在边数上输入 3，点击确定，如图 12-10 所示。

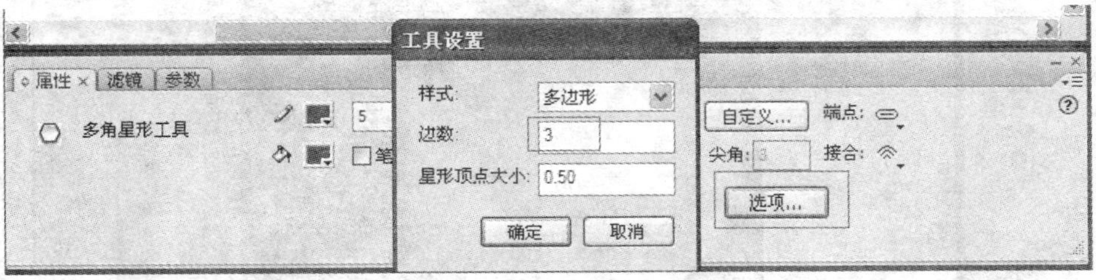

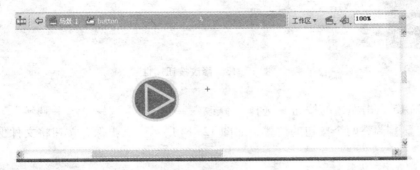

图 12-10　设置多边形工具

Step12 按住 Shift 键，在舞台上画三角形，并将图形移动到圆形中央，如图 12-11 所示。

图 12-11　画三角形

Step13 右键单击图层 1 中的第 3 帧，在弹出的菜单中选择插入帧；选择图层 2 的第 3 帧，插入一关键帧，并设置三角形的颜色为#FF0000，如图 12-12 所示。然后点击场景 1，回到场景 1 中来。

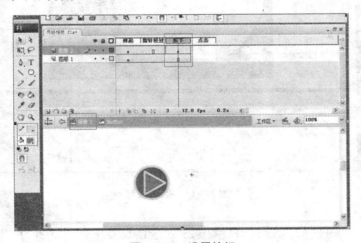

图 12-12　设置按钮

Step14 新建图层 3，修改其属性为 button 层，在库中拖动两个按钮元件到场景 1 中，调整按钮元件属性，修改其宽和高均为 35，如图 12-13 所示。

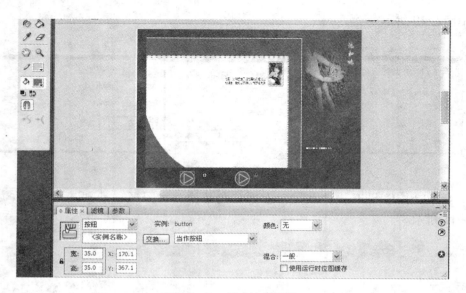

图 12-13　修改按钮属性

Step15 点击左边的按钮，选择"修改"→"变形"→"水平翻转"，然后用选择工具 ↖ 调整两个按钮的位置，如图 12-14 所示，点击保存按钮将文件保存。

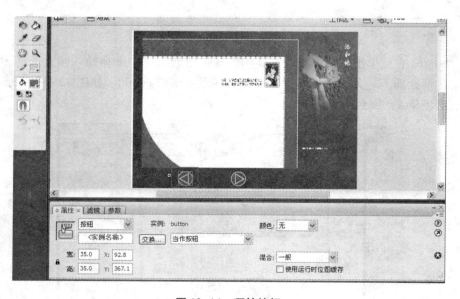

图 12-14　翻转按钮

Step16 在文件保存的同一目录中创建一个子文件夹，命名为"picture"，将 step8 处理的图片放入该文件夹中。使用 PhotoShop 进行图片处理步骤是：在 Photo-Shop 中点击打开的图像，选择"图像"→"图像大小"，去除约束比例前面的勾，设置图片大小为 386×328，如图 12-15 所示，然后保存。

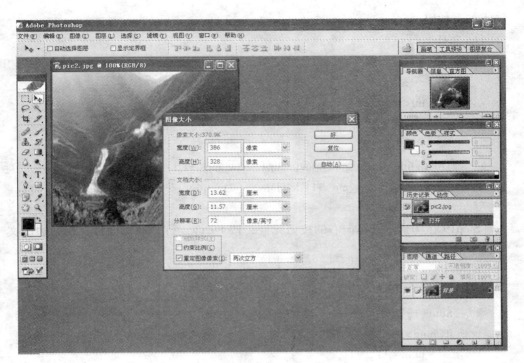

图 12-15　设置图像大小

提示：按钮元件除可自己设计外，也可从系统自带的按钮库中调用。调用方式是："窗口"→"公用库"→"按钮"。

Step17 同时设置文件夹中图像的文件名为递增样式，如图 12-16 所示。

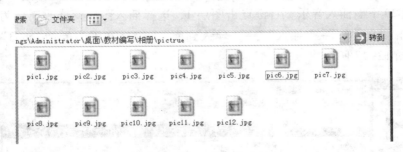

图 12-16　文件夹内文件

Step18 新建图层，命名为 action，按 F9 键，打开动作面板，在右边的文本框中输入如下代码：

```
stop();
_root.createEmptyMovieClip("slide",1);
setProperty("slide",_x,"22");
setProperty("slide",_y,"20");
num=0;
```

在场景中选择向左的按钮元件，按 F9 键，打开动作面目，在右边的文本框中输入如下代码：

```
on（release）{
        i--；
    num--；
    if（num<=1）{
        num=12；
    }
    _root.slide.createEmptyMovieClip（"new_mc"+i,i）；
    _root.slide["new_mc"+i].loadMovie（"picture/pic"+num+".jpg"）；
}
```

Step19 在场景中选择向右的按钮元件，按 F9 键，打开动作面目，在右边的文本框中输入如下代码：

```
on（release）{
        i++；
    num++；
    if（num>=12）{
        num=1；
    }
    _root.slide.createEmptyMovieClip（"new_mc"+i,i）；
    _root.slide["new_mc"+i].loadMovie（"picture/pic"+num+".jpg"）；
}
```

Step20 下面插入音乐。右键点击图层 1，选择插入图层，修改属性为音乐层。鼠标点击"文件"→"导入"→"导入到库"，选择"因为爱情. mp3"单击确定，如图 12-17 所示。

图 12-17　导入文件

Step21 点击音乐图层的第一帧，拖放库面板中的"因为爱情"元件到舞台。

Step22 选择"控制"→"测试影片"来测试动画效果，然后关闭动画播放窗口。

Step23 选择"文件"→"保存菜单"，在弹出的保存对话框中输入文件名，进行保存。

Step24 选择"文件"→"导出"→"导出影片"菜单命令，在弹出的导出影片对话框中输入文件名称，然后单击"保存"按钮，将其保存为 Flash 动画。

12.4　课后练习

【练习项目1】制作交互式动画，学会基本控制语句的使用。在自己制作的动画中添加开始、暂停、继续按钮，用户点击相应按钮，动画实现相应操作。

【练习项目2】制作爱情测试动画。首先出现测试页面，显示测试的内容和选项，如图 12-18 所示，当测试者选择其中一个选项后，随即跳转到相应的结果页面，效果如图 12-19 所示。

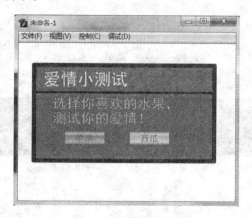

图 12-18　测试页面

图 12-19　结果页面

第 13 课   MTV 的制作

MTV 是实现自己创意动画的一种方式，要用 Flash 做好一个 MTV，首先要对歌曲或视频有较深的理解，然后根据个人的理解和体会大致构思一个故事情节或说是剧本，接着根据剧本来设计场景及各种主角、配角以及其他动画元素的入场时间、持续长度、出场顺序及出场方式等。

在本案例中，首先介绍 MTV 动画的片头制作方法，其次介绍 Flash 如何把选好的音乐文件导入到 Flash 中，使读者掌握在 Flash 中编辑音乐以及歌词与音乐同步的方法，最后介绍一些简单动画在 flash MTV 制作中的应用。

13.1   MTV 动画片头制作

操作步骤：

Step 1 执行菜单栏中的"文件"→"新建"，在常规选项卡中单击"Flash 文件（ActionScript2.0）"，新建一个 Flash 文件，如图 13-1 所示。

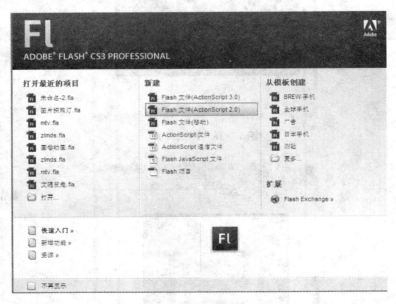

图 13-1   新建 Flash 文档

Step 2 设置舞台大小及背景颜色。单击舞台属性对话框，将舞台大小设置为 800×600，背景选择为紫色，如图 13-2 所示。

属性
滤镜
参数
文档
未命名-1
大小:
800 x 600 像素
背景:
帧频:
12
fps
发布:
设置...
播放器: 9 ActionScript: 2.0 配置文件: 默认文件
文档类:

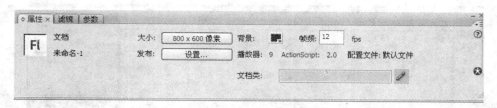

图 13-2 设置舞台属性

Step 3 选择菜单栏“插入”→“新建元件”，在弹出的对话框名称栏中输入“最浪漫的事”，类型选择为图形。如图 13-3 所示，点击“确定”，进入元件编辑窗口。

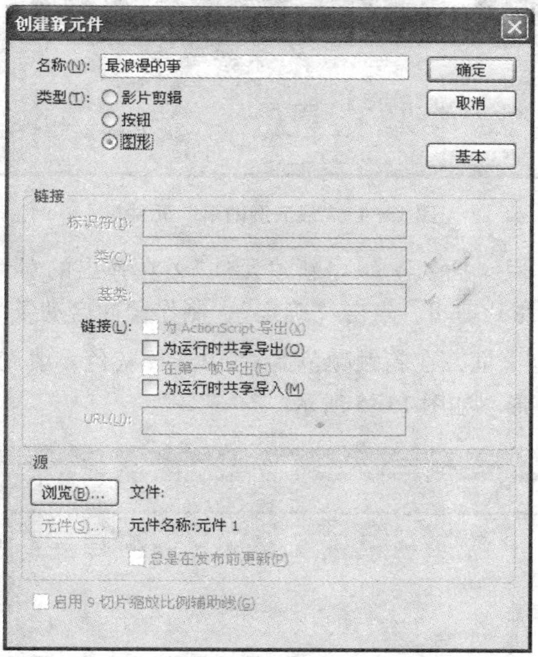

创建新元件
名称(N): 最浪漫的事
确定
类型(T): 影片剪辑
按钮
图形
取消
基本
链接
标识符(I):
类(C):
基类:
链接(L): 为 ActionScript 导出(X)
为运行时共享导出(O)
在第一帧导出(F)
为运行时共享导入(M)
URL(U):
源
浏览(B)...
文件:
元件(S)...
元件名称:元件 1
总是在发布前更新(P)
启用 9 切片缩放比例辅助线(G)

图 13-3 创建新元件对话框

Step 4 在元件编辑窗口，选择字体工具，在舞台中输入文字“最浪漫的事”，字体属性及效果可根据自己的喜好来进行设置，如图 13-4 所示。选中所有文字单击鼠标右键，在弹出的菜单中选择分离，再选中所有文字单击鼠标右键，在弹出的菜单中选择分离。进行两次分离后可顺利进行测试，如不进行分离，有可能会无法进行测试。

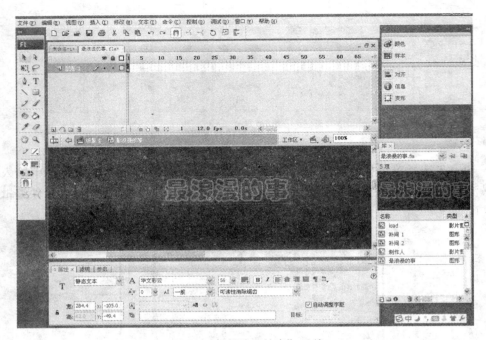

图 13-4　"最浪漫的事"元件

Step 5 选择菜单栏"插入"→"新建元件"，在弹出的对话框名称栏中输入"load"，类型选择为影片剪辑，点击"确定"，制作缓冲启动条。在 load 影片剪辑窗口中点击矩形工具 ▢ 框，在笔触颜色 ∕▮ 中选择灰色，填充颜色 ▯▯ 选择为无，在舞台中间画矩形。如图 13-5 所示。

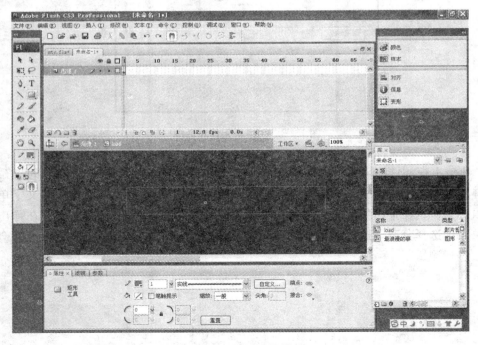

图 13-5　矩形工具使用

Step 6 鼠标右键点击第 45 帧，在弹出的菜单栏中选择插入关键帧。右键单击图层 1，在弹出的菜单栏中选择新建图层，在图层 2 的第 1 帧处点击矩形工具，框，在笔触颜色中选择无，填充颜色选择为红色，在原矩形内画一小的矩形，如图 13-6 所示。

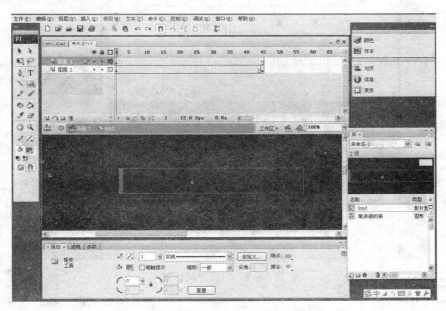

图 13-6 舞台中画矩形

Step 7 在图层 2 的第 45 帧单击右键，在弹出的菜单栏中选择插入关键帧。选择任意变形工具，使红色填满整个矩形框，如图 13-7 所示。

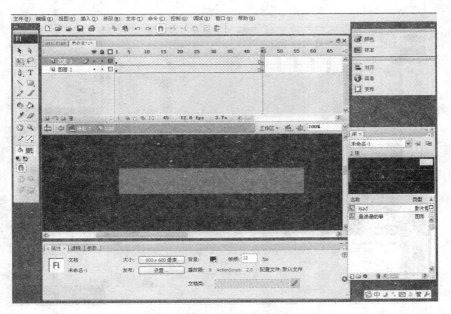

图 13-7 对矩形变形

Step 8 在图层 2 的第 1 到第 45 帧中间任意帧处单击鼠标右键，在弹出的菜单栏中选择"创建补间形状"，创建完成后图层 2 如图 13-8 所示。单击场景 1 回到场景 1 中来。

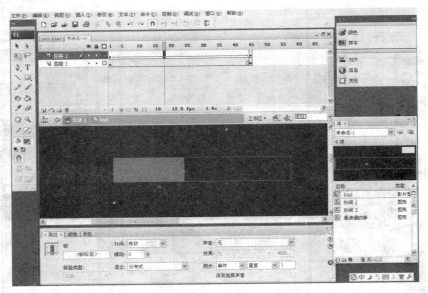

图 13-8　创建补间形状

Step 9 选择菜单栏"插入"→"新建元件"，在弹出的对话框名称中输入"制作人"，类型选择为图形。点击确定，进入元件编辑窗口，输入"演唱者：赵咏华"，"制作者：hehe"，如图 13-9 所示。选中文字单击鼠标右键，在弹出的菜单中选择分离，再选中所有文字单击鼠标右键，选择分离。两次分离后点击场景 1 回到场景 1 中来。

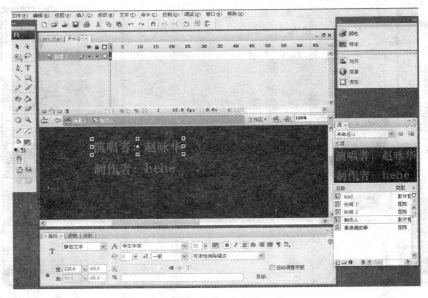

图 13-9　元件编辑

分析： 在 Flash CS3 中部分文字必须经过分离变成矢量图后才能显示或测试，有些字被打散后会出现连笔或变形，这是正常的，可以在合并绘制模式下绘制一些小图形，对连笔的字进行修改或在做补间动画的时候设置形状提示。

Step 10 在场景 1 中的图层 1 的第 1 帧处，将库面板中的"最浪漫的事"图形元件拖放到舞台。在第 10、第 20、第 30、第 40、第 45 帧处分别单击鼠标右键，在弹出的菜单栏中选择添加关键帧。在第 10 帧处选择任意变形工具 对"最浪漫的事"图形元件进行 90 度的变形，如图 13-10 所示。

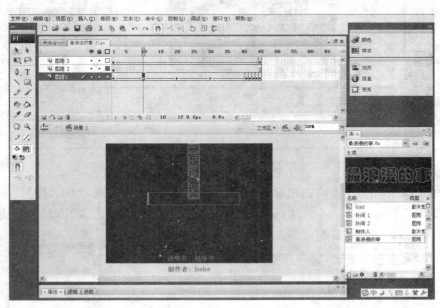

图 13-10　图形元件变形

Step 11 分别在第 20、第 30、第 40 帧处利用任意变形工具对"最浪漫的事"图形元件进行变形。如图 13-11 所示。

第 20 帧　　　　第 30 帧　　　　第 40 帧

图 13-11　用任意变形工具进行变形

Step 12 分别在第 41、第 42、第 43、第 44 帧处单击鼠标右键，在弹出的菜单栏中选择添加关键帧。之后分别选择第 41 和第 43 帧，点击"最浪漫的事"图形元件，在属性窗口将颜色设置为 alpha，透明度设置为 15%，如图 13-12 所示，这样就可设置出文字闪动效果。

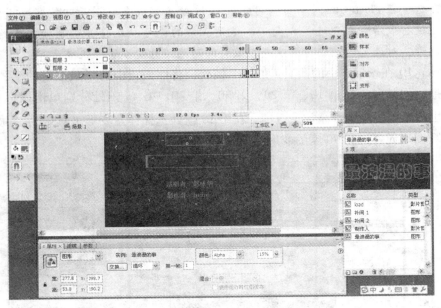

图 13-12　设置图形元件属性

Step 13 在图层 1 上点击鼠标右键，在弹出的菜单栏中选择"插入图层"，点击图层 2 的第 1 帧，将 load 影片剪辑元件拖放到舞台中央位置，如图 13-13 所示。

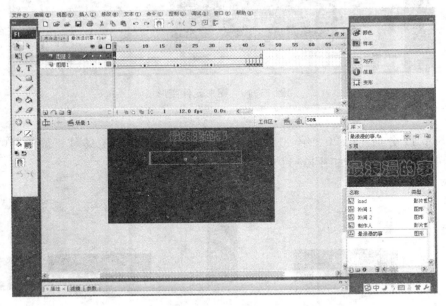

图 13-13　影片剪辑元件拖放到舞台

Step 14 鼠标右键单击图层 2，在弹出的菜单中选择"插入图层"，将"制作人"图形元件拖放到舞台中央下方位置，如图 13-14 所示。

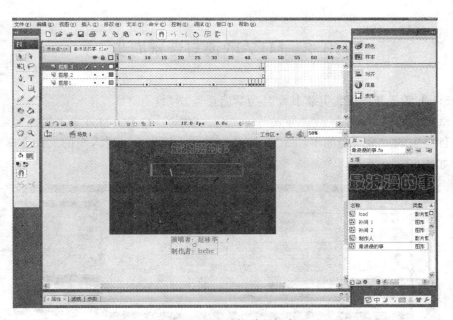

图 13-14　元件拖放到舞台

Step 15 右键点击图层 3 的第 45 帧，选择转换为关键帧。将"制作人"图形元件拖放到舞台中央，在图层 3 的第 1 到 45 帧中间任意帧处单击鼠标右键，在弹出的菜单中选择"创建补间动画"。如图 13-15 所示。

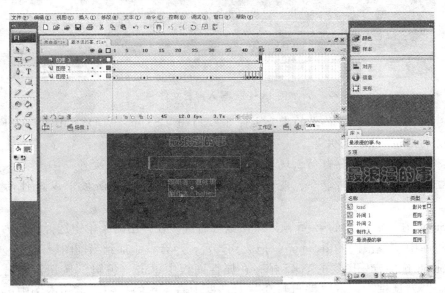

图 13-15　调整元件位置

Step 16 此时整个片头就制作完毕，点击"控制"→"测试影片"进行测试，完成后点击"文件"→"保存"，将前面的制作结果保存起来。

13.2　MTV 歌词与音乐同步

Step1 插入新图层，并将其命名为"音乐"图层。

Step2 执行"文件"→"导入"→"导入到库"命令，打开导入到库对话框，将文件夹中的"最浪漫的事.mp3"声音文件导入到库中。导入后的文件在库面板中，如图 13-16 所示。

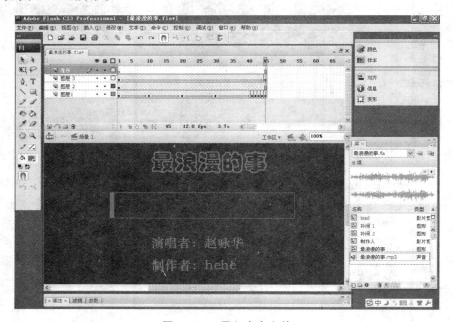

图 13-16　导入声音文件

分析：可以将以下格式的声音文件导入 Flash CS3 中：WAV、MP3、AIFF、只有声音的 QuickTime 影片等。

导入的声音文件会自动出现在库面板中，即使是选择"文件"→"导入"→"导入到舞台"的菜单命令，最终导入的声音仍然将在库面板中以元件的形式存在。

Step3 在声音图层的第 45 帧处单击鼠标右键，在弹出的菜单中选择转换为关键帧。将库中"最浪漫的事.mp3"拖放到舞台，声音就添加到当前图层中。

Step4 选中音乐图层的第 45 帧，在属性面板中单击"编辑"按钮，弹出"编辑封套"对话框。按下"编辑封套"对话框中右下角的按钮，可知本例中声音共占 3216 帧，如图 13-17 所示。

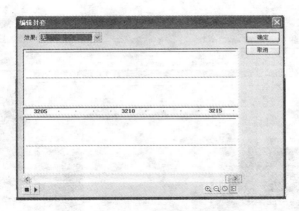

图 13-17　编辑封套

Step5 本例中声音文件从第 45 帧开始，故本 MTV 可设置帧数为 3260（3215+454）帧。鼠标右键点击声音图层的第 600 帧选择插入帧或在第 600 帧处按 F5 键，完成后可看到声音文件的波形文件。如图 13-18 所示。后面的声音文件可在后继的帧中选择插入帧即可显示出来。

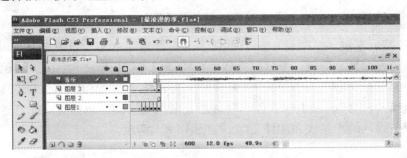

图 13-18　插入声音文件

Step6 选择音乐图层的第 45 帧，在声音属性面板中设置同步为"数据流"，如图 13-19 所示。这样在播放的时候声音就可与帧同步播放。

图 13-19　设置声音属性

分析： 可以通过在不同的关键帧上使用不同的声音，使声音获得更多的变化。

如果是背景音乐，建议选择循环播放较小的声音文件；如果是较长的声音文件，建议设置为数据流。设置为数据流后，在当前音乐图层如没有关键帧，将不再播放声音。

Step7 右键点击音乐图层，在弹出的菜单中选择"插入图层"。鼠标右键单击新插入图层，在弹出的菜单中选择属性，在属性对话框中将此图层修改为"歌词标记"图层。如图 13-20 所示。

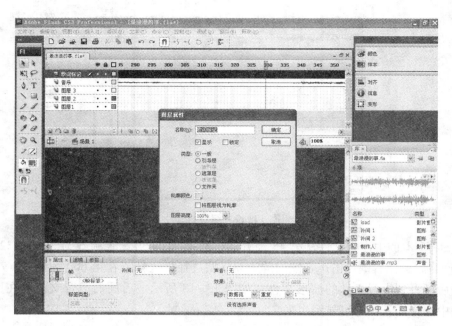

图 13-20　修改图层属性

Step8 按回车键，试听音乐。当听到第 1 句开始时（本例 330 帧处），在歌词标记图层的该帧处，单击一下鼠标，然后按功能键 F7 插入一个空白关键帧。在属性面板中的"帧标签"中输入"背靠着背坐在地毯上"。打开"标签类型"下拉菜单，选择"注释"。加上帧"注释"以后，时间轴中即出现相应的标志，关键帧上出现两条绿色的小斜线和注释文字。如图 13-21 所示。

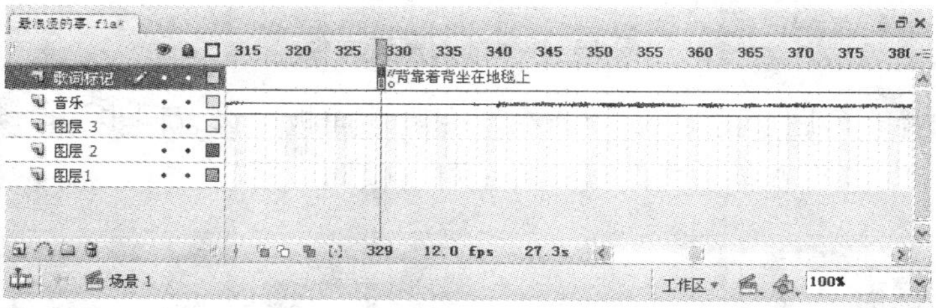

图 13-21　添加注释

Step9 通过试听，在每一句的开始处均按功能键 F7 插入一个空白关键帧，设上标签。将所有的歌词都加上标记，这样可以保证在画面中歌词能和音乐保持同步。

第 1 句：在 330 帧处，背靠着背坐在地毯上；

第 2 句：在 380 帧处，听听音乐聊聊愿望；

第 3 句：在 440 帧处，你希望我越来越温柔；

第 4 句：在 485 帧处，我希望你放我在心上；

第 5 句：在 565 帧处，你说想送我个浪漫的梦想；

其他的以此类推。

Step 10 单击菜单栏"插入"→"新建元件"，打开"创建新元件"对话框，在"名称"栏中输入"背靠着背坐在地毯上",在"类型"选项下选择"图片"。单击"确定"按钮,进入"背靠着背坐在地毯上"图形元件的编辑场景。选择工具面板中的"文本工具" T ,修改属性面板,设置字体为"华云彩云",字号大小为"32",文本(填充)颜色为"红色"。也可根据自己的喜好进行设置,在舞台上输入第一句歌词"背靠着背坐在地毯上",如图 13-22 所示。

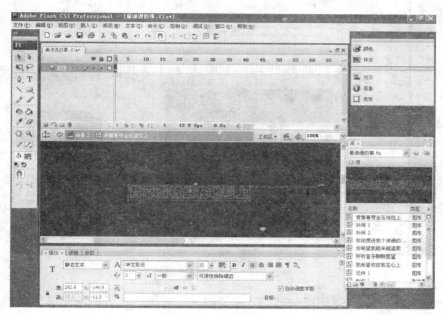

图 13-22 新建元件

Step 11 用选择工具选定刚刚输入的文字,单击鼠标右键在弹出的菜单中选择分离,此时一句话被分离为每个字,如图 13-23 所示,然后选择所有的文字单击鼠标右键在弹出的菜单中再一次选择分离。

图 13-23 分离字体

Step 12 依据 Step10 和 Step11 把其他的每句话都做成图形元件。

Step 13 右键点击歌词标记图层,在弹出的菜单中选择新建图层,将此图层命名为"歌词"图层。分别在"歌词"图层:

第 330 帧处,按 F7 键,添加"背靠着背坐在地毯上"图形元件;

第 380 帧处,按 F7 键,添加"听听音乐聊聊愿望"图形元件;

第 440 帧处,按 F7 键,添加"你希望我越来越温柔"图形元件;

第 485 帧处,按 F7 键,添加"我希望你放我在心上"图形元件;

第 565 帧处,按 F7 键,添加"你说想送我个浪漫的梦想"图形元件;

其他的以此类推。

Step 14 右键点击"歌词"图层，弹出的菜单栏中选择新建图层，将此图层命名为"歌词遮罩"图层。在歌词遮罩层的第 330 帧处按 F7 键，画一小矩形，如图 13-24 所示。

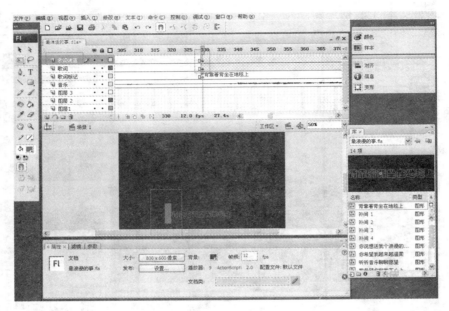

图 13-24　添加歌词遮罩层

Step 15 在歌词遮罩图层的第 379 帧处按鼠标右键，在弹出的菜单中选择转换为关键帧，用任意变形工具将矩形变大，使能够遮住整个下方的文字。在第 330 到 379 帧中间单击鼠标右键，选择创建补间形状。如图 13-25 所示。

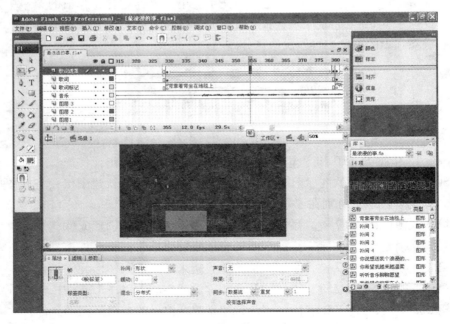

图 13-25　创建补间形状

Step 16 利用 Step14、Step15 同样的方法，制作第 380 帧到第 439 帧，第 440 帧到第 484 帧，第 485 帧到第 532 帧，第 565 帧到第 600 帧之间的补间形状。

Step17 鼠标右键单击歌词遮罩图层，在弹出的菜单中选择遮罩层。按 Enter 键可以试听。这里需要注意的是在图层的右边有"锁定/解除锁定" 🔒 按钮，当我们进行本图层设计的时候，最好锁定其他图层，这样可避免误操作其他的图层。遮罩层与被遮罩层加锁后如图 13-26 所示。

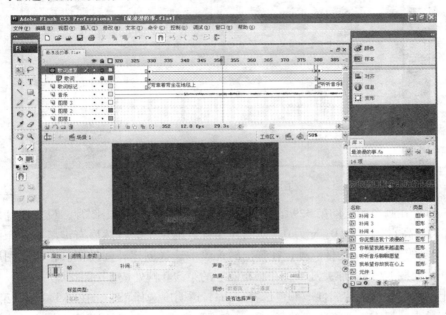

图 13-26　锁定图层

Step 18 在歌词的制作过程中可随时按 Ctrl+Enter 键测试动画效果，制作完成后保存文件。

13.3　简单动画在 MTV 中的应用

Step 1 鼠标右键点击歌词标记图层，在弹出的菜单中选择新建图层，命名为画布图层。此图层主要用来显示舞台上的各种图片或视频。

Step 2 单击"文件"→"导入"→"导入到库"，打开导入对话框，将文件夹中的图片导入到库中。在画布图层的第 45 帧处，按 F7 键添加关键帧，将图片 001.jpg 拖放到舞台，并设置图像属性中的宽为 1200，高为 800，调整图片的位置在舞台的中央，如图 13-27 所示。

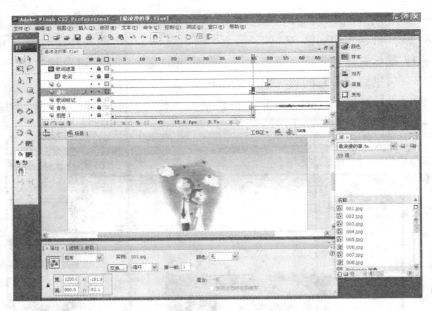

图 13-27　调整图形属性

Step 3 在画布图层的第 329 帧处按 F7 键添加关键帧，点击图片，设置图片属性为宽 800，高 600，x 为 0，y 为 0，使图片在舞台的正中央。然后右键单击画布图层的第 45 到第 329 帧中的任意帧，在弹出的菜单中选择创建补间动画。在画布图层的第 330 帧处按 F7 键添加关键帧，在画布图层的第 380 帧处按 F7 键添加关键帧，单击舞台上的图片修改图片属性。颜色选择 alpha，透明度选择 58%，在第 330 帧和第 380 帧之间单击鼠标右键选择创建补间动画，实现淡出效果。在歌词标记图层上单击鼠标右键，在弹出的菜单中选择创建新图层，命名为画布 2 图层。如图 13-28 所示。

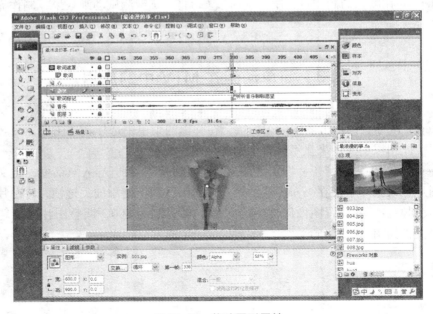

图 13-28　修改图形属性

Step 4 在歌词标记图层上单击鼠标右键，在弹出的菜单中选择创建新图层，命名为画布2图层，在画布2图层的第380帧处按F7键添加关键帧，将图片007.jpg拖放到舞台并调整图片属性，如图13-29所示。

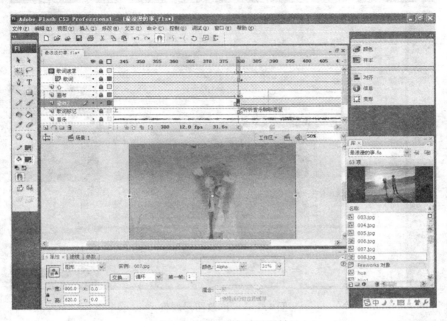

图 13-29 调整图形属性

Step 5 在画布2图层的第440帧处按F7键添加关键帧，调整图片属性，如图13-30所示，在第380帧和第440帧中间任意帧处单击鼠标右键在弹出的菜单中选择创建补间动画。此时可实现淡入的效果。

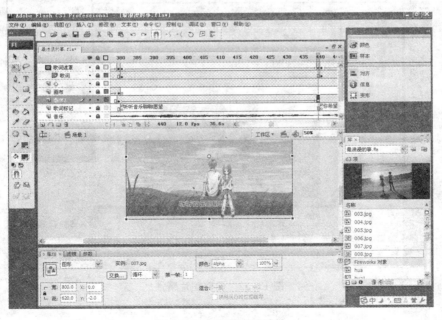

图 13-30 调整图形属性

Step 6 在画布 2 的第 485 帧处按 F7 键添加关键帧，将 008. jpg 拖放到舞台，并设置图片属性，如图 13-31 所示。

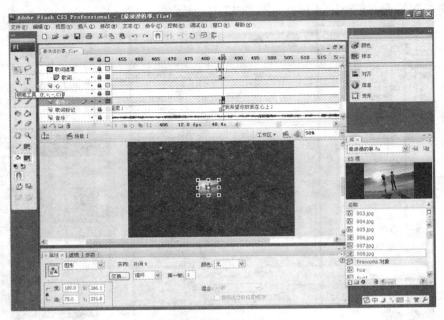

图 13-31　修改图形属性

Step 7 在画布 2 的第 565 帧处按 F7 键添加关键帧，并调整图片属性，如图 13-32 所示。在第 485 帧和第 565 帧中间创建补间动画。

图 13-32　调整图片属性

Step 8 制作"飘动的心"影片编辑元件并将其加入到 Flash 动画中。首先单击"插入"→"新建元件",在弹出的对话框中名称栏输入 xin,类型选择图形,如图 13-33 所示,单击"确定"。

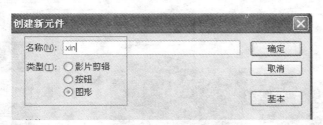

图 13-33 新建元件

Step 9 在"xin"元件编辑窗口选择钢笔工具 和任意变形工具 ,在舞台中心画个心形,选择填充颜色类型为放射状,用颜料桶工具 进行填充,效果如图 13-34 所示。

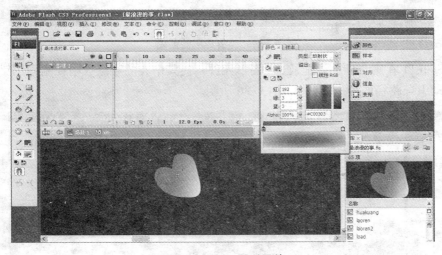

图 13-34 xin 图形元件

Step 10 单击"插入"→"新建元件",在弹出的对话框中名称栏输入 xin1,类型选择影片剪辑,单击确定进入 xin1 影片编辑窗口。在图层 1 的第一帧处将刚刚制作的 xin 图形元件拖放到舞台中央。在第 100 帧处按 F7 键添加关键帧。点击添加运动引导层 图标,新建一运动引导层。在运动引导层的第 1 帧处选择"铅笔工具"画一运动引导路径。如图 13-35 所示。

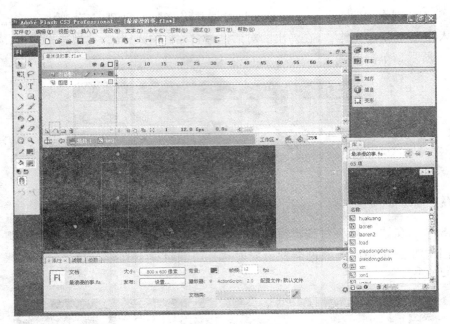

图 13-35　引导层的创建

　　Step 11 在第一帧处，拖放 xin 图形元件，使其中心的原点吸附在刚刚用铅笔画的运动引导路径的最上方，如图 13-36 所示。

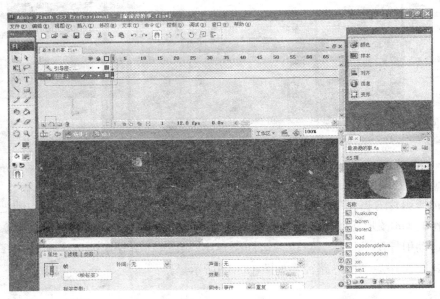

图 13-36　元件的引导层吸附（1）

　　Step 12 在图层 1 的第 100 帧处拖放 xin 图形元件，使其中心的原点吸附在刚刚用铅笔画的运动引导路径的最下方，并将 xin 图形元件属性设置为如图 13-37 所示。

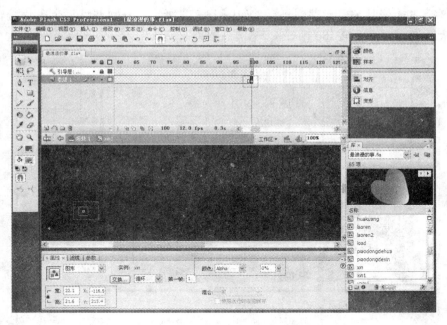

图 13-37　元件的引导层吸附（2）

Step 13 鼠标右键单击图层 1 的第 1 到 100 帧之间的任意帧，在弹出的菜单栏中选择创建补间动画，创建好的补间动画如图 13-38 所示。按回车键可看到"心"随我们画出的引导路径运动。

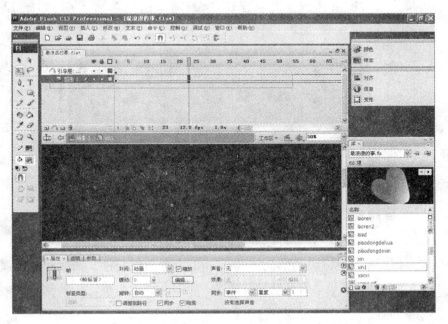

图 13-38　引导层的应用

Step 14 单击"插入"→"新建元件"，在弹出的对话框中名称栏输入"piaodongdexin"，类型选择影片剪辑，单击确定进入"piaodongdexin"影片编辑窗口。

拖放 8 个 xin1 影片编辑元件到舞台，如图 13-39 所示。分别调整每个影片编辑元件的大小及方向，在第 180 帧处按 F7 键添加关键帧。

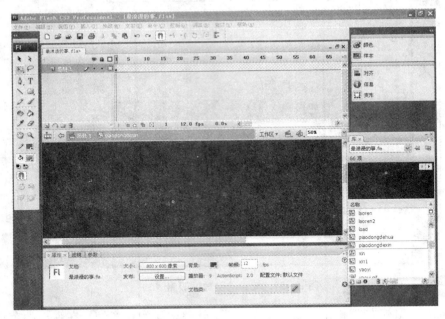

图 13-39　添加影片剪辑元件

Step 15 单击任意一个元件进入元件属性，在属性窗口中类型选择图形，颜色选择为 alpha，透明度可任选，类型选择"循环"，第一帧输入 4，如图 13-40 所示。

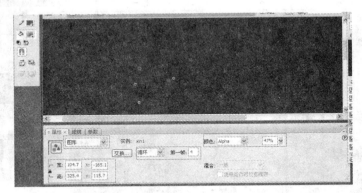

图 13-40　修改影片剪辑元件属性

Step 16 依次单击刚刚添加的其他几个 xin1 影片剪辑元件，修改相应的属性。里面的具体数值可根据自己的喜好进行修改。如图 13-41 所示。

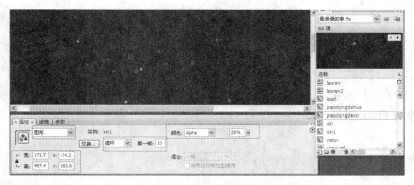

图 13-41　修改影片剪辑元件属性

Step 17 单击场景 1 按钮 场景1 返回到场景 1 编辑窗口。鼠标右键点击画布图层，在弹出的菜单中选择新建图层，并命名为"心"图层。在心图层的第 50 帧处添加关键帧，并将"piaodongdexin"影片剪辑元件拖放到舞台中央，如图 13-42 所示。

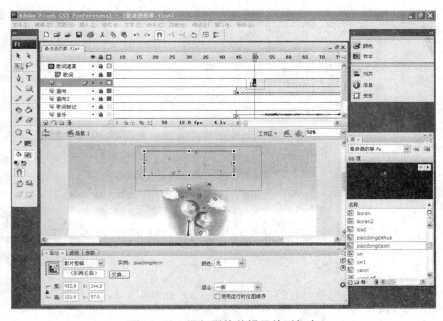

图 13-42　添加影片剪辑元件到舞台

Step 17 按 Ctrl+Enter 键测试动画效果，制作完成后保存文件。

Step18 有时我们看到其他的影片里有好的影片剪辑元件，此时我们可以直接拷贝使用。拷贝方法是：用 Flash 直接打开文件，在库里找到影片剪辑元件，鼠标右键单击此影片剪辑元件，在弹出的菜单中选择复制，然后回到自己制作的动画文件中，在舞台中单击鼠标右键，在弹出的菜单中选择粘贴即可将其他影片剪辑元件复制到舞台或库中使用。

提示：读者可利用已经掌握的知识，根据自己的创意，添加其他特殊效果，设计出自己心仪的作品。

13.4　课后练习

【练习项目】根据本讲主题及前面学到的知识，要求自拟主题，制作一幅不少于 2 分钟的 Flash MTV 动画。

第 14 课　利用会声会影制作视频

您听说过会声会影吗？您想学习会声会影吗？

想一想：您学习会声会影的理由。在今后的学习、生活、工作中，您会利用会声会影制作视频或电影吗？

您想把自己旅游的照片加工成自动播放的相册吗？

思考：如何学习会声会影呢？

14.1　会声会影简介

会声会影的英文名称为 Ulead VideoStudio，是友立（Ulead）公司出品的一个功能强大的视频编辑软件。会声会影具有抓取图像和视频编修功能，可以制作 VCD、DVD 视频光盘。

从网上下载的电视剧，不喜欢片头的广告，怎么办？用 DV 或数码摄像机拍摄的视频，每一段都很短小而且是分开的，能不能合成在一起？一个大的视频，能不能分割成几部分？视频中可以插入字幕、旁白、图片吗？这些问题，用会声会影都可以解决。

有兴趣学习会声会影了吗？

14.2　会声会影的安装

要学习使用会声会影，首先要找到会声会影安装软件，下载到自己使用的计算机里面。不要下载到桌面，因为桌面对应的是 C 盘（系统盘），最容易遭到病毒的攻击。下载到系统盘之外的磁盘分区。

在磁盘上找到会声会影文件夹，如图 14-1 所示。

图 14-1　会声会影安装软件文件夹

在图14-1中，双击打开"会声会影安装盘"文件夹，可以看到里面的文件。如图14-2所示，关注"keygen"文件和"Setup"文件。

下面是详细的安装步骤。

图14-2　会声会影安装文件

Step1 在会声会影安装过程中，需要序列号。双击"keygen"，将自动产生序列号"Serial Number"，如图14-3所示。用一张纸把序列号记录下来，后面安装过程中将会用到。

图14-3　产生序列号

Step2 双击"Setup"开始安装。Win7操作系统会弹出如图14-4所示的"您想允许来自未知发布者的以下程序对此计算机进行更改吗？"的提示信息，因为本次安装是我们已知程序的安装，单击"是"继续安装。（注意：如果不明来历的程序请求安装，被Win7拦截，就要选择"否"，拒绝安装。）

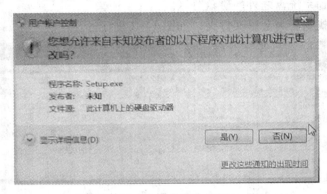

图14-4　安全警告信息

Step3 出现如图 14-5 所示的安装向导，单击"下一步"。

图 14-5　安装向导

Step4 出现如图 14-6 所示的"许可协议"窗口，选中"我接受许可协议中的条款"，然后单击"下一步"。

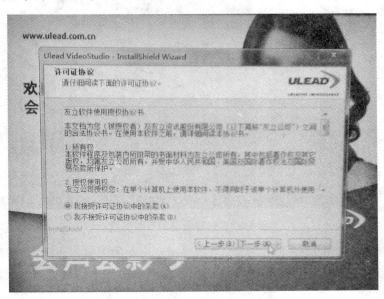

图 14-6　许可协议

Step5 出现如图 14-7 所示的界面，输入用户名、公司名称，输入前面写在纸上的序列号，然后单击"下一步"。

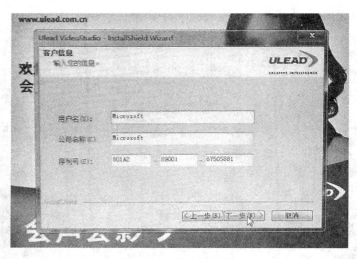

图 14-7　输入序列号

Step6 出现如图 14-8 所示的"选择目的地位置"的界面，本次安装选择默认
目标文件夹，单击"下一步"。

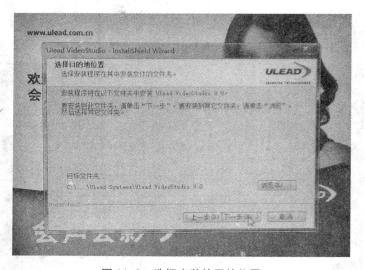

图 14-8　选择安装的目的位置

Step7 出现如图 14-9 所示界面，"请选择您所在的国家和地区"选择"中国"，
"请选择您使用的视频标准"，选择第 1 项，然后单击"下一步"。

图 14-9　选择国家和视频标准

Step8 出现如图 14-10 所示界面，安装程序准备复制文件到计算机内部。单击
"下一步"。

图 14-10　准备复制文件

Step9 出现如图 14-11 所示界面，安装程序开始复制文件。这一步操作需要一
段时间，耐心等待一会。

图 14-11　开始复制文件

　　Step10 复制文件完成之后，开始安装 QuickTime。QuickTime 是会声会影集成的视频播放器。如图 14-12 所示，单击"下一步"。

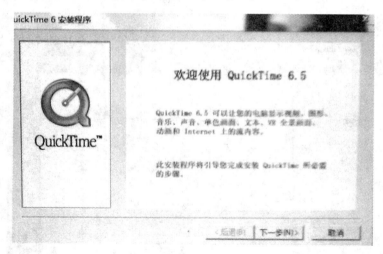

图 14-12　安装 QuickTime

　　Step11 出现如图 14-13 所示的安装 QuickTime 欢迎界面，单击"下一步"。

图 14-13　安装 QuickTime 的欢迎界面

Step12 出现如图 14-14 所示的安装 QuickTime 软件许可协议，单击"Agree"。

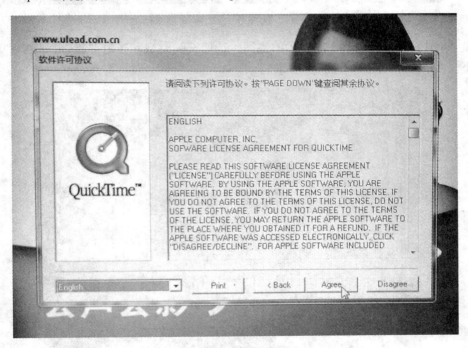

图 14-14　软件许可协议

Step13 出现如图 14-15 所示的"选择目的地址"界面，本次安装选择默认位置，单击"下一步"。

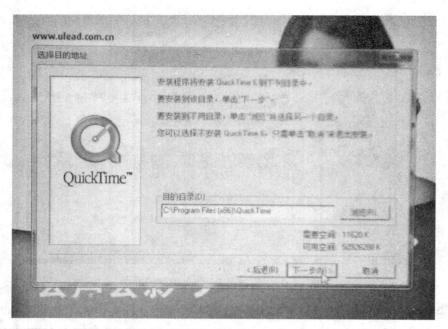

图 14-15　选择 QuickTime 安装文件夹

　　Step14 出现如图 14-16 所示的界面，选取安装类型，选中"推荐"，然后单击"下一步"。

图 14-16　选择安装类型

　　Step15 出现如图 14-17 所示的窗口，即"选择程序文件夹"，使用默认值，单击"下一步"。

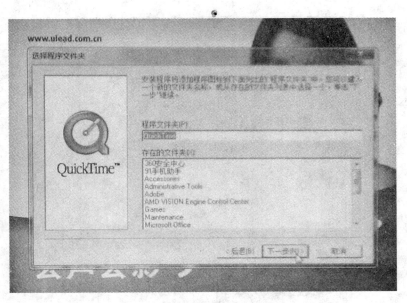

图 14-17　选择程序文件夹

Step16 出现如图 14-18 所示的窗口，要求输入注册信息，本次安装不注册，直接单击"下一步"。

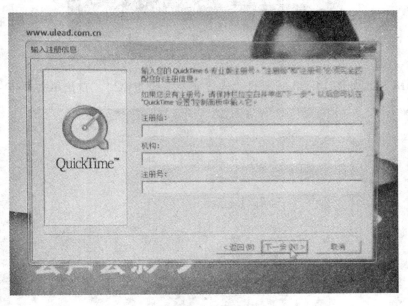

图 14-18　注册窗口

Step17 这一步操作注意，安装进程最小化在任务栏上，让很多人摸不着头脑。单击任务栏上的"QuickTime"图标，进行 QuickTime 设置，单击"下一步"。

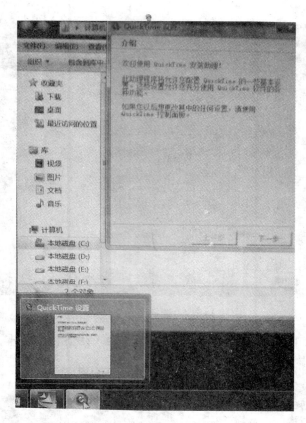

图 14-19　单击任务栏上的 QuickTime 图标

Step18 出现如图 14-20 所示的"连接速度"设置窗口，直接单击"下一步"。

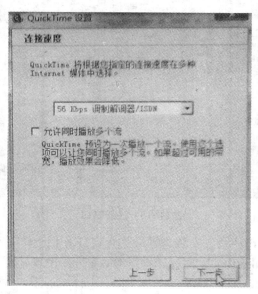

图 14-20　连接速度

Step19 出现如图 14-21 所示的"浏览器插件"窗口，直接单击"下一步"。

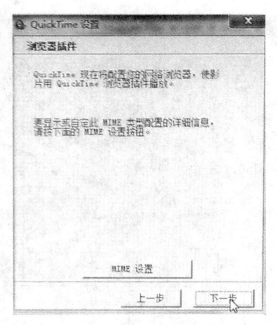

图 14-21　浏览器插件

Step20 出现如图 14-22 所示的"关联文件类型"窗口，单击"完成"按钮。

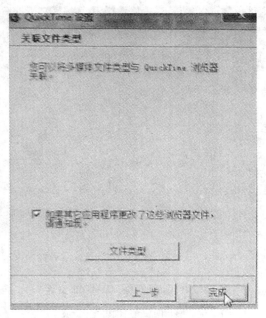

图 14-22　关联文件类型

Step21 如图 14-23 所示，QuickTime 安装完成，单击"关闭"按钮。

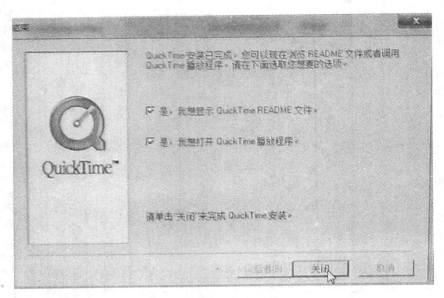

图 14-23　QuickTime 安装结束

Step22 出现如图 14-24 所示的 QuickTime README 窗口，阅读之后关闭该文件继续安装。

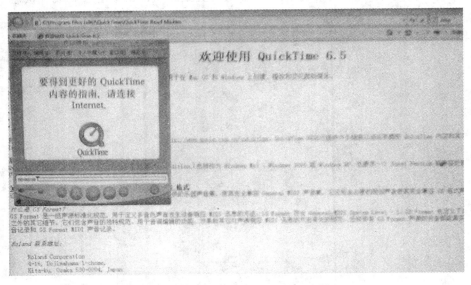

图 14-24　QuickTime README 文件

Step23 图 14-25、图 14-26、图 14-27、图 14-28 显示了最后的安装进度。

图 14-25　安装 SmartSound

图 14-26　安装进度

图 14-27　安装读取 DVD 文件

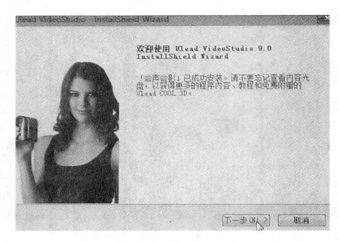

图 14-28　提示信息

Step24 如图 14-29 所示，单击"完成"按钮，会声会影安装全部完成。

图 14-29　安装完成

14.3　视频编辑常用术语

　　读者使用会声会影编辑视频时，一定会涉及视频的编辑操作，在操作中也会接触到一些相关的专业术语。下面介绍几个常用的视频编辑术语。

　　1. 像素

　　组成图像的最小单元称为像素。用通俗的语言描述，一个像素就是一个点，图像是由点构成的，每个点可以显示不同的色彩。

　　2. 帧

　　一幅图像称为一帧。视频的基本原理是：视频是由静态帧组成的，每秒播放 30 帧，我们看到的就是流畅的视频了。

3. 转场

转场是指两个视频素材之间的切换方式。例如，从一个素材淡化到另一个素材。

4. 渲染

渲染是指以项目中的来源文件创建最终影片的过程。

5. 覆叠

覆叠是指在已有的素材上叠加视频或图像的操作。

6. 线性编辑

传统的编辑方式是单向的方式，原始胶片从单向进入、标记、修剪和分割，然后输出到另一端，这种方式称为线性编辑。与其对应的方式是非线性编辑。

14.4　制作视频相册

如果您有一组照片，例如到某个地方旅游拍摄的一组照片，或一次活动中拍摄的照片，要把这些照片制作一个相册，加入文字，背景音乐，并且自动播放。

下面用在印度尼西亚巴厘岛旅游拍摄的一组照片为例，制作自动播放的相册。

操作步骤如下：

Step1 打开"会声会影"，首先出现如图 14-30 的画面，选择"影片向导"。

图 14-30　制作相册

Step2 选择"影片向导"之后，将会打开如图 14-31 所示窗口。在图 14-31 中，单击"插入图像"选项，将打开如图 14-32 所示窗口。

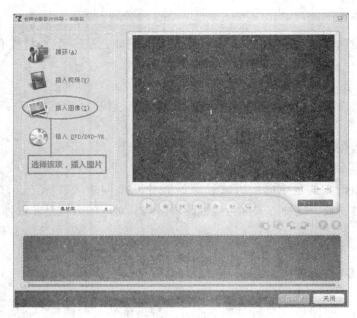

图 14-31　插入图片窗口

Step3　在图 14-32 中，选择需要加入的图片或照片。如果要选择所有图片，操作为：单击选中第 1 张图片，然后滚动鼠标找到最后一张图片，按住 Shift 键同时单击最后一张图片，则所有图片都被选中了。如果要选择部分照片，操作为：对准挑选的第一张图片，单击鼠标左键，选中这张图片，然后按住 Ctrl 键，依次单击需要加入的图片即可。图片选择好之后，单击"打开"按钮，会声会影将导入图片。

图 14-32　选择图片

Step4 导入图片之后的界面如图 14-33 所示。拖动图 14-33 标示出来的滚动条，找到第 1 张图片，对准第 1 张图片单击，预览区将显示第 1 张图片，如图 14-34 所示。

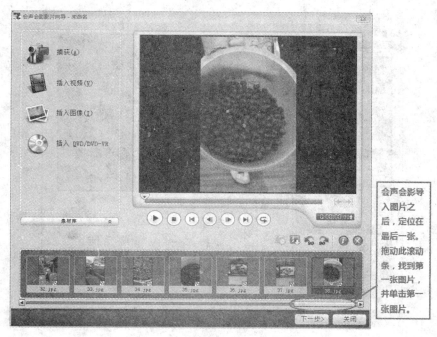

会声会影导入图片之后，定位在最后一张。拖动此滚动条，找到第一张图片，并单击第一张图片。

图 14-33　插入图片之后的画面

图 14-34　选择第一张图片

Step5 在图 14-34 中,单击"下一步"按钮,会声会影将出现分析资料的提示条,然后将打开如图 14-35 所示窗口。根据图 14-35 中的标示进行操作:主题模板选择"相册",然后选择"秋日之旅"(读者可以挑选其他模板)。

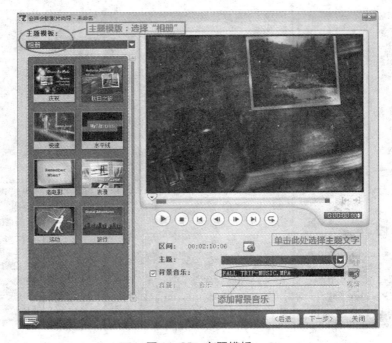

图 14-35　主题模板

Step6 在图 14-35 的右下区域有"区间"、"主题"和"背景音乐"。"区间"的含义是图片的播放时间。单击"区间"的右侧按钮,将打开"设置"窗口,如图 14-36 所示。选择"适合背景音乐的速度和区间"。然后单击"确定",关闭"设置"窗口。

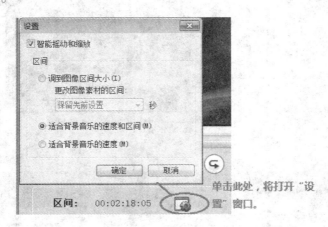

图 14-36　设置播放时间

"主题"指的是添加到相册的文字,一般添加到最前或最后。单击图 14-37 中标示的下三角,将弹出文字,对准文字单击左键,文字将会出现在相册的两个地方：最前面和最后面。最前面的文字如图 14-38 所示。

图 14-37　准备插入文字

图 14-38　模板的文字

在图 14-38 中，对准文字双击左键，可以修改文字，修改文字之后如图 14-39 所示。

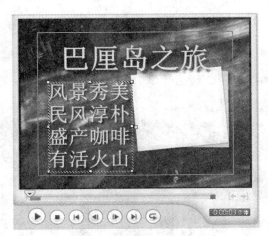

图 14-39　相册前面的文字

然后修改相册最后的文字。如图 14-40 所示，将滑块拖到右侧，将会看到 "Hope to" 文字，双击文字可以进行修改，修改之后如图 14-41 所示。

图 14-40　模板最后的文字

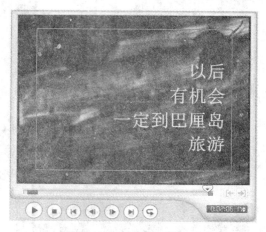

图 14-41　相册最后的文字

插入文字之后如图 14-42 所示,单击"下一步"。

图 14-42　设置完成之后的界面

Step7 将会出现如图 14-43 所示的界面。在图 14-43 中，选择"创建视频文件"，将会弹出视频格式，如图 14-44 所示，选择"PAL MPEG2（720×576，25fps）"，将会弹出保存文件窗口，如图 14-45 所示。

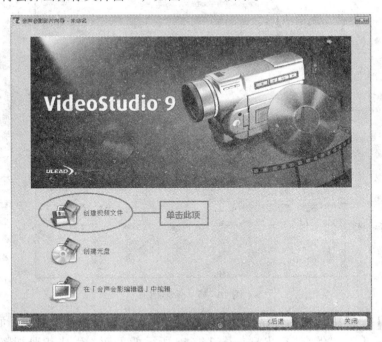

图 14-43　生成视频文件

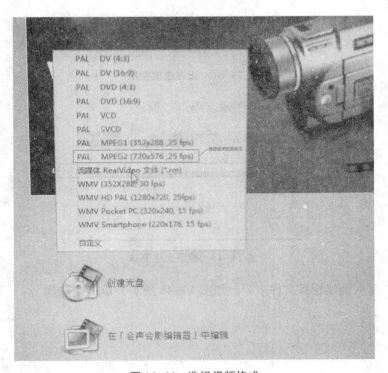

图 14-44　选择视频格式

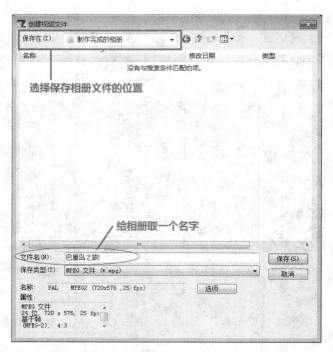

图 14-45　保存相册

在图 14-45 中，选择保存相册文件的文件夹，给相册取一个名字，如图 14-45 所示，然后单击"保存"。出现如图 14-46 所示的界面，生成相册视频文件称为渲染。

图 14-46　正在生成相册

相册生成完毕，如图 14-47 所示，单击"确定"。

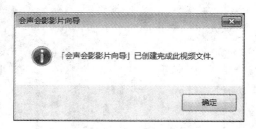

图 14-47　相册生成完毕

Step8 返回创建视频文件窗口，如图 14-48 所示，单击"关闭"。

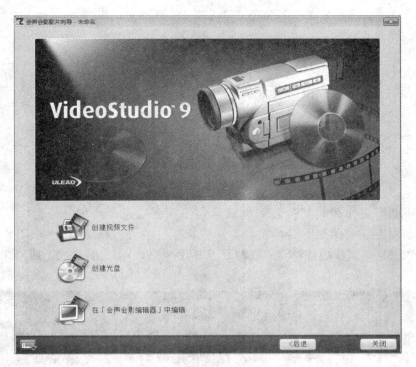

图 14-48

询问是否保存视频文件，单击"否"，不保存。因为相册视频已经生成，对应的照片在原来的文件夹中。从上面可以看出，会声会影将相册当成视频一样加工。

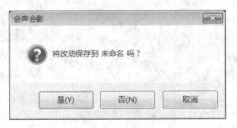

图 14-49

找到保存相册文件的文件夹，用"迅雷"播放器或"Windows Media Player"都可以播放相册，看看效果如何。

14.5 为视频添加文字

为视频添加文字，需要使用"会声会影编辑器"。打开会声会影软件，出现如图 14-50 所示界面，单击"会声会影编辑器"。

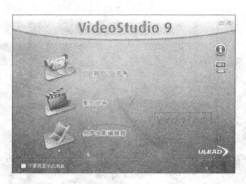

图 14-50

会声会影制作视频的流程和编辑器的步骤面板是一致的，分为"捕获"视频→"编辑"→"效果"→"覆叠"→"标题"→"音频"→"分享"。"分享"就是发布视频，制作成视频文件或刻录成 DVD 或 VCD，如图 14-51 所示。

图 14-51

为视频添加文字的步骤如下：

Step1 将最下面的轨道切换成"时间轴"轨道。如图 14-52 所示，用鼠标左键单击图中标出的按钮，可以将轨道切换为"时间轴"轨道。

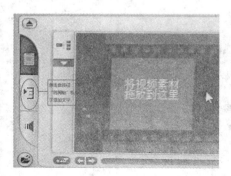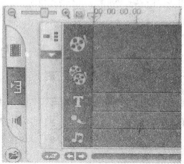

图 14-52　选择时间轴轨道

Step2 将会声会影右侧素材库的 V15 视频拖入视频轨道，如图 14-53 所示。

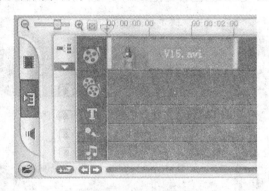

图 14-53　插入视频到视频轨道

Step3 本次操作计划在视频之前插入文字，相当于电视剧之前显示的"第一集"、"第二集"等。为此，需要插入一个色彩，在色彩帧添加文字。在会声会影中，色彩被当成图像处理。插入色彩如图 14-54 和图 14-55 所示。

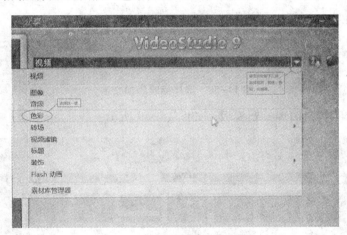

图 14-54　选择色彩

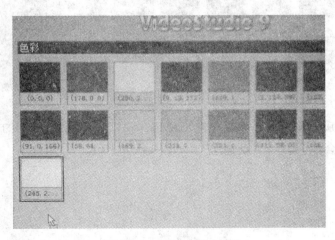

图 14-55　选择白色色彩

在图 14-55 中，选择白色色彩，拖动到视频轨道，如图 14-56 所示。

图 14-56　拖动白色色彩到视频轨道

将白色色彩拖动到 V15. avi 视频之前，如图 14-57 所示。

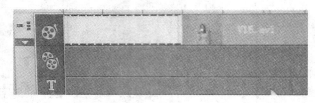

图 14-57　交换视频位置

Step4　在步骤面板中，单击"标题"，如图 14-58 所示。

图 14-58　选择标题添加文字

右侧素材库将会出现标题模板，如图 14-59 所示

图 14-59　标题模板

在图 14-59 中，选择"趣味庆祝"模板，拖动到标题轨道。然后在编辑区把文字修改为"会声会影"、"欢迎您"，如图 14-60 所示。

图 14-60　修改标题文字

Step5 选择步骤面板中的分享，如图 14-61 所示。

图 14-61　选择分享

然后在左侧面板中，单击"创建视频文件"，如图 14-62 所示，将会出现如图 14-63 所示的界面。

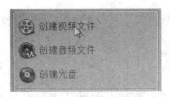

图 14-62　选择创建视频文件

图 14-63　选择视频格式

在图 14-63 中，选择"PAL MPEG2（720×576，25 fps）"，将会打开如图 14-64 所示的保存视频文件的窗口。选择保存文件的位置，将文件命名为"会声会影欢迎您"，然后单击"保存"，将会看到如图 14-65 所示的生成视频文件的进度条。

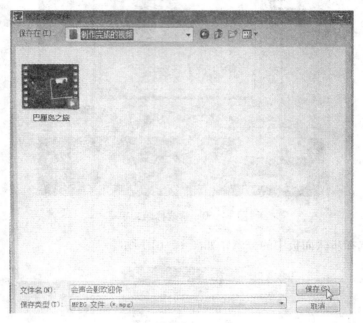

图 14-64　保存文件

图 14-65　生成视频文件进度条

Step6 操作完成。最后关闭会声会影即可。

14.6　删除视频中的片段

本次操作以韩国电视剧《搞笑一家人》（无法阻挡的 HighKick）为例进行操作。选取其中的第一集、第二集，每一集只有 30 分钟左右，我们想把两集合为一集。为此，需要把第一集的片尾删除，把第二集的片头删除。这里，只介绍删除第一集的片尾操作，删除第二集的片头留给读者操作。

会声会影能够加工的视频有：扩展名为.avi 的视频，MPEG 视频，扩展名为.rm 的视频，扩展名为.wmv 的视频。如果是目前流行的 MP4 视频，则需要用格式工厂将其转换为 avi 格式的视频。

删除第一集片尾的操作如下：

Step1 打开会声会影，如图 14-66 所示，单击"会声会影编辑器"，打开会声会影编辑器。

图 14-66 会声会影启动画面

Step2 在右侧素材库的空白处，单击右键，打开如图 14-67 所示的快捷菜单，从中选择"插入视频…"，将打开如图 14-68 所示的窗口。

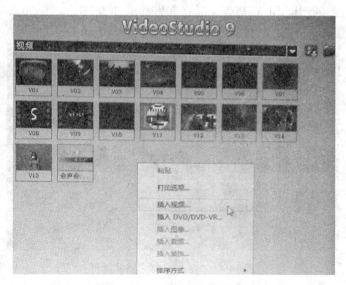

图 14-67 素材库快捷菜单

图 14-68 插入视频窗口

在图 14-68 中，选择"无法阻挡的 HighKick-001"文件，然后单击右下角的"打开"按钮，"无法阻挡的 HighKick-001"视频文件将添加到素材库中。同理，添加"无法阻挡的 HighKick-002"视频文件将到素材库中。添加之后如图 14-69 所示。

图 14-69 添加素材之后的画面

Step3 将"无法阻挡的 HighKick-001"文件拖入视频轨道。因为该视频文件比较大，所以在视频轨道展开很长，不便于操作。为此，需要调整视频轨道左边的缩放滚动块，向左拖动缩小，如图 14-70 所示。

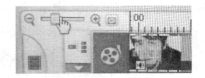

图 14-70 缩放滚动条

图 14-71　预览

如图 14-71 所示，拖动时间标尺上的滚动块，预览视频，找到片尾需要删除的断点，如图 14-72 所示。

找到片尾断点之后，单击此处的剪刀，将视频分割为两部分。

图 14-72　找到片尾需要删除的点

如图 14-72 所示，找到片尾断点之后，单击图中标示的剪刀，将视频分割为两部分。

Step4 选中需要删除的部分，单击右键，将弹出如图 14-73 所示的快捷菜单，从中选择"删除"。

Step5 选择步骤面板中的"分享"，然后在左侧面板中，单击"创建视频文件"，将编辑后的视频保存在磁盘上。

图 14-73　删除不要的视频

　　注意：剪辑电视连续剧，保存时渲染需要很大的内存（8GB 以上），一般计算机没有办法完成此操作。读者可以选择较小的视频进行练习。

14.7　将视频片段合成为一个完整视频

　　本次操作选用会声会影 9 自带的素材进行。

　　Step1 打开会声会影，选择"会声会影编辑器"。将右侧素材库中 V13、V14 拖入视频轨道，如图 14-74 所示。

图 14-74　两个视频拖入视频轨道

　　Step2 将两个视频合在一起，从一个视频切换到另一个视频时，如果不添加过渡效果（专业术语叫转场）就会很不自然。为此，单击步骤调板中的"效果"，如图 14-75 所示。

图 14-75　选择效果

　　Step3 在右侧，将会出现效果模板，单击下三角，从下拉式列表中选择"擦拭"，如图 14-76 所示。

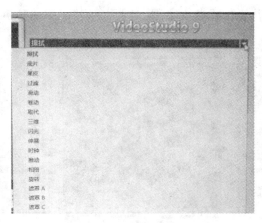

图 14-76　选择擦拭效果

Step4 将"单向"擦拭效果拖入视频轨道两个视频的交界处，如图 14-77、图 14-78 所示。

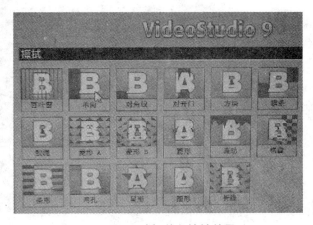

图 14-77　选择单向擦拭效果

图 14-78　拖入两个视频的交界处

Step5 拖动时间标尺上的滑块，预览合成之后的视频。利用"分享"功能，保存合成之后的视频。

14.8　视频拆分

视频拆分非常简单，这里简单描述一下即可。

Step1 打开会声会影，选择"会声会影编辑器"，将视频拖入视频轨道。

Step2 找到需要拆分的断点，使用"剪刀"工具将视频拆分为两部分，如图 14-79 所示。

利用此处的剪刀，将视频裁剪为两部分。

图 14-79

Step3 将两部分分别保存即可。

14.9　课后练习

【练习项目1】

利用自己旅游时拍摄的视频片段，根据一条主线，把它们合成在一起，适当添加文字和背景音乐，制作成一个完整的视频，或刻录成 DVD，与朋友、家人一起分享。

【练习项目2】

以感谢父母为主题，创作一个微视频。父母带给我们生命，带给我们温暖，带给我们幸福，养育之恩何其大！可是，因为生活中的一些琐事，因为父母的"多管闲事"，我们曾经那么不懂事，对父母的关心不领情，也许还伤过父母的心。父母外出打工挣钱，把我们留在家里，由爷爷奶奶带大，或者是外公外婆带大。我们觉得父母不爱我们，抛弃了我们。今天，我们长大了，我们懂事了。我们应该深深地道一声：爸妈，您们辛苦了，谢谢您们给予我的一切！

用自己的真情制作一段微视频，不要人云亦云，用自己特有的方式表达对父母的爱！把制作的微视频给父母观看，你的父母将会感觉到无比幸福和自豪！

第 15 课　计算机网络基础

计算机网络是当今计算机科学与技术学科中发展最为迅速的技术之一，也是计算机应用中一个空前活跃的领域。21世纪的一个重要特征是数字化、网络化与信息化，而它的基础是支持全社会的强大的计算机网络。

计算机网络是计算机技术与通信技术相结合的产物。社会学家指出：人类社会的生活方式与劳动方式从根本上说具有群体性、交互性、分布性和协作性。在信息时代，计算机网络的出现使人类这一本质特征得到了充分的体现。计算机网络的应用可以大大缩短人与人之间的时间与空间距离，更进一步扩大了人类社会群体之间的交互与协作范围，因此人们很快地接受了在计算机网络环境中的工作方式，同时计算机网络也会对社会的进步产生不可估量的影响。以 Internet 为代表的网络应用技术和高速网络技术，使得网络技术发展到了一个更高的阶段。基于网络技术的电子政务、电子商务、远程教育、远程医疗与信息安全技术正在以前所未有的速度发展，计算机网络正在改变着人们的工作方式与生活方式，网络技术的发展与应用业已成为影响一个国家与地区政治、经济、科学与文化发展的重要因素之一。

在这一课我们为大家介绍计算机网络的基础知识和实用技能。网络故障分析及解决，常用故障诊断工具，用于计算机网络的一些命令，都是很实用的技术，希望大家认真学习，并学以致用。

15.1　计算机网络概述

15.1.1　什么是计算机网络

计算机网络是计算机技术与通信技术高度发展、紧密结合的产物，是指将地理位置不同的具有独立功能的多台计算机及其外部设备，通过通信线路连接起来，在网络操作系统、网络管理软件及网络通信协议的管理和协调下，实现资源共享和信息传递的计算机系统。

计算机网络是硬件和软件的组合。硬件是指在网络中存储资源及传递信号的物理设备。软件则由各种协议和指令组成，实现我们所要求的各种服务功能。

计算机网络的功能主要表现在两个方面：数据通信和资源共享。

数据通信功能实现了服务器与工作站、工作站与工作站间的数据传输，是计算机网络的基本功能，最典型的例子就是通过 Internet 收发电子邮件，方便地实现异地交流。

资源共享是计算机网络的核心功能，包括文件资源共享、硬件资源共享和数据共享。

1. 文件资源共享

其主要包括程序共享、文件共享等，可以避免软件的重复开发和大型软件的重复购买。在局域网中，客户机可以调用服务器中的应用程序，调看相关的文件。单机用户一旦连入计算机网络，在操作系统的控制下，该用户可以使用网络中其他计算机的资源来处理用户提交的大型复杂问题。

2. 硬件资源共享

利用计算机网络，用户可以共享网络中的硬件设备，避免重复购置，提高计算机硬件的利用率；可以使用网络上的高速打印机打印文档、报表，可以使用网络中大容量的存储设备存放用户的资料。

3. 数据共享

数据共享，可以避免大型数据库的重复设置，以最大限度降低成本，提高效率。例如通过计算机网络可以访问人才市场的人才库系统、学校的毕业生档案系统、票务系统等数据管理系统，通过相关信息的共享，解决许多社会问题。

15.1.2　计算机网络的拓扑结构

网络的拓扑结构是指网络中计算机系统（包括通信链路和节点）的几何排列形状，并用以表示整个网络的整体结构外貌和各模块之间的结构关系。

节点是指连接到网络的一个有源设备，网络的节点有两类：一类是转换和交换信息的转接节点，包括节点交换机、集线器和终端控制器等；另一类是访问节点，包括计算机主机和终端等。

链路是指两个节点间承载信息流的线路或信道。

四种常用的拓扑结构为：星型、总线型、环型和网状型，如图 15-1 所示。

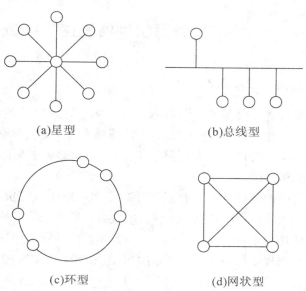

(a)星型　　　　　　　　　　(b)总线型

(c)环型　　　　　　　　　　(d)网状型

图 15-1　四种网络拓扑

　　上述四种拓扑结构各有优缺点。星型拓扑结构简单、容易实现、便于管理，通常以集线器（Hub）作为中央节点。中央节点是全网络的可靠性瓶颈，中央节点出现故障会导致整个网络的瘫痪。

　　总线型拓扑结构上所有的主机都连接在一根中心传输线（如同轴电缆或光缆）上，这根中心传输线被称为总线（Bus）。总线型拓扑结构简单、可靠性高、易于扩充，节点的故障不会殃及整个系统，是局域网最常采用的拓扑结构。缺点是所有的数据都需要经过总线传送，总线成为整个网络的瓶颈。另外，由于信道共享，连接的节点不宜过多，总线自身的故障可以导致系统的崩溃。最著名的总线拓扑结构是以太网（Ethernet）。

　　在环型拓扑结构中，所有的主机都通过相应的硬件接口连接到一个封闭的环上，容易安装和重构。但是，环中的每个节点均成为网络可靠性的瓶颈，任意节点出现故障都会造成网络瘫痪，故障诊断也较为困难。最著名的环型拓扑结构网络是令牌环网（Token Ring）。

　　在网状型拓扑结构中，任一个节点至少有两条线路与其他节点相连，主要用于广域网。由于节点之间有多条线路相连，因此网络可靠性较高，但结构复杂，建设成本较高。

15.1.3　计算机网络的分类

　　根据网络作用的地域范围，可将计算机网络分为局域网（Local Area Network，LAN）、城域网（Metropolitan Area Network，MAN）和广域网（Wide Area Network，WAN）三大类。

　1. 局域网

　　局域网（LAN）的地理范围在 10 千米以内，通常属于一个部门、一个单位或一个组织所有，例如，一个企业、一所学校、一幢大楼、一个实验室等，如图15-2 所示。此种网络往往不对外提供公共服务，管理方便、安全保密性好。局域网组建方便，投资少，使用灵活，传输速率高，是计算机网络中发展最快、应用最普遍的。

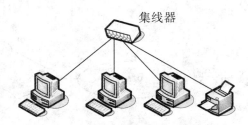

集线器

图 15-2　计算机、打印机和集线器组成的简单 LAN

　2. 城域网

　　城域网（MAN）是范围介于广域网和局域网之间的一种较大范围的高速网络，通常覆盖一个镇或一个城市。MAN 的一个重要用途是将位于同一城市内不同地点的计算机及 LAN 等互联起来，与 WAN 的作用有相似之处，但两者在实现方法与性能上有很大差别。

3. 广域网

广域网（WAN）的地理范围在几十千米到几万千米，小到一个城市、一个地区，大到一个国家、一个大洲或全球，提供大范围的公共服务。WAN 在结构上分为通信子网和资源子网两部分，如图 15-3 所示。通信子网由传输线和交换单元组成，负责计算机之间的数据通信；资源子网由被通信子网互联在一起的计算机构成，是网络中信息流动的"源"和"宿"，向用户提供可供共享的硬件、软件和信息资源。

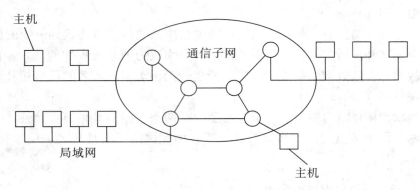

图 15-3　一个广域网拓扑结构举例

15.1.4　互联网

世界上有许多不同类型和规模的计算机网络，将两个或多个网络互连在一起，就形成了互联网（internet）。互联网一般的组织形式是通过一个 WAN 将多个 LAN 组织起来，如图 15-4 所示。

因特网（Internet，首字母"I"大写）是世界上最大、最流行的互联网。它由全球成千上万个互相连接的网络组成，连接了上百万台计算机和数千万用户（还在不断增加），它正以惊人的速度发展，不断影响和改变着我们的生活。

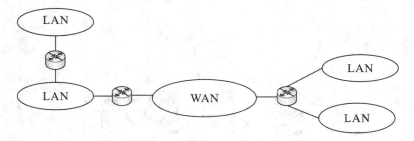

图 15-4　由 WAN、LAN 和路由器构成的互联网

15.1.5　常用传输介质

计算机网络的传输介质可以按传输方式分为有线传输介质和无线传输介质两类。

1. 有线传输介质

有线传输介质通常按介质种类分为三种：同轴电缆、双绞线、光纤。

（1）同轴电缆

同轴电缆是由一根空心的金属圆柱体（外导体）及其所包围的单根硬导线（内导体）按同轴构成，内外导体间用绝缘材料隔开。

同轴电缆的这种结构和屏蔽性使它既有很好的带宽，又有很好的抗噪性。过去，同轴电缆被广泛地用于电话系统中的长途线路，现已逐步被双绞线和光缆所取代。

（2）双绞线

双绞线是一种计算机网络中最常用的传输介质，由两根具有绝缘保护层的铜导线组成，把两根绝缘的铜导线按一定密度互相绞在一起，可降低信号干扰的程度。

与其他传输介质相比，双绞线在传输距离、带宽和数据传输速率方面均受到一定限制，但是其线间干扰小、价格低廉、易于安装，既可传输模拟信号也可传输数字信号，特别适用于较短距离的数据传输。

（3）光纤

光导纤维是一种传输光束的细而柔韧的介质。光导纤维电缆由一捆光导纤维组成，简称为光缆。与其他传输介质相比较，光缆的电磁绝缘性能好、信号衰变小、频带较宽、传输距离长，主要用于主干网的连接。

光纤通信是以光波为载体，光导纤维为传输介质的通信方式。光纤通信系统中起主导作用的是光源、光纤、光发送机和光接收机，如图 15-5 所示，由光发送机产生光束，将电信号转变为光信号，再把光信号导入光纤，在光缆的另一端由光接收机接收光导纤维上传输来的光信号，并将它转变成电信号，经解码后再处理。

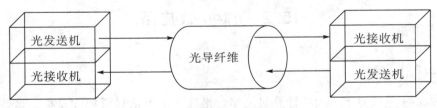

图 15-5　光纤通信系统结构图

2. 无线传输介质

计算机网络中的无线传输介质主要指微波和卫星。

（1）微波通信

微波的频率范围在 300MHz ~ 300GHz 之间，通常用于有线通信不能覆盖的地域，例如荒凉或难以施工的地段等。由于微波是直线传播，因此可在高塔或高山上设立微波收发站，进行微波接力通信，如图 15-6 所示。

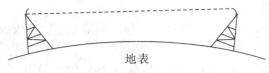

图 15-6　微波通信示意图

（2）卫星通信

卫星通信是利用地球同步卫星作为中继站的通信系统，如图 15-7 所示。卫星通信的优点是通信距离远、覆盖范围广，特别适用于全球通信、电视广播和地理环境恶劣的地区。

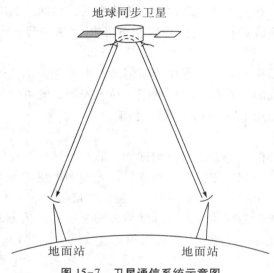

图 15-7　卫星通信系统示意图

15.2　Internet 应用

15.2.1　概述

Internet 是世界上最大的计算机网络，是成千上万信息资源的总称，这些资源分布在世界各地的数百万台计算机上。Internet 是一个社会大家庭，家庭成员可以方便地交换信息，共享资源。Internet 上开发了很多应用系统，供接入网的用户使用。Internet 是一个无级网络，不为某个人或组织所控制，人人都可参与。

在现今的信息化时代中，它无处不在。人们通过 Internet，可以发送电子邮件，浏览自己感兴趣的信息，查看股市行情，和陌生或熟悉的人聊天，或是足不出户的在网上购物等。现在，Internet 给我们的生活带来了各种便利，我们无须关心 Internet 是如何工作的，更不用关心被访问的对象在哪里，只要拿起鼠标，坐在家里尽情享受就行了。现在，使用 Internet 就像人们每天都要吃饭一样，成为了生活的一部分。全球化、信息化、网络化是世界经济和社会发展的必然趋势，Internet 的迅猛发展也顺应了这个趋势，它实现了在任何地点、任何时间进行全球个人通信，使社会的运作方式，人类的学习、生活、工作方式发生了巨大的变化。现在几乎任何行业、任何名词的前面都可以冠以网络，如网络银行、网络学校、网络书店、网络电话……似乎一切都可以网络化了。当今科技进步日渐成为社会经济发展的决定因素，国际竞争已演变成以高科技为主导的综合国力较量。人类正步入知识经济时代，这场经济革命的先导，正是网络化的计算机和通信技术。

15.2.2　TCP/IP 协议

人们利用 Internet 进行各种应用，如发邮件、浏览信息等。所有接入网络的计算机都可以通过彼此之间的物理连接设备进行信息交换，最常见的如电缆、光缆、无线 WAP 和微波等，但是单纯拥有这些物理设备并不能实现信息的交换，这就好像人类的身体不能缺少大脑的控制一样，信息交换还要具备软件环境，这种"软件环境"就是为了实现信息交换的规则，被称作"协议"，有了协议，不同的计算机才能够在共同的规则下，互相交流通信。

从名字上看 TCP/ IP 包括两个协议，传输控制协议（Transmission Control Protocol，TCP）和网际协议（Internet Protocol，IP），但 TCP/IP 实际上是一组协议，它包括上百个各种功能的协议，如：远程登录、文件传输和电子邮件等，而 TCP 协议和 IP 协议是保证数据完整传输的两个最基本的协议。IP 协议保证数据的传输，TCP 协议保证数据传输的质量。TCP/IP 协议进行数据的传输时基于 TCP/IP 协议的四层结构，数据在传输时每通过一层就要在数据上加个包头，其中的数据供接收端同一层协议使用，而在接收端，每经过一层要把用过的包头去掉，这样来保证传输数据的格式完全一致。

确切地说，TCP/IP 协议是一组包括 TCP 协议和 IP 协议，UDP（User Datagram Protocol）协议、ICMP（Internet Control Message Protocol）协议和其他一些协议的协议簇。TCP/IP 通信协议采用了四层的层级结构，每一层都呼叫它的下一层所提供的网络来完成自己的需求。这四层分别为：

应用层：应用程序间沟通的层，如简单电子邮件传输（SMTP）、文件传输协议（FTP）、网络远程访问协议（Telnet）等。

传输层：在此层中，它提供了节点间的数据传送服务，如传输控制协议（TCP）、用户数据报协议（UDP）等，TCP 和 UDP 给数据包加入传输数据并把它传输到下一层中。这一层负责传送数据，并且确定数据已被送达并接收。

互联网层：负责提供基本的数据封包传送功能，让每一块数据包都能够到达目的主机（但不检查是否被正确接收），如网际协议（IP）。

网络接口层：对实际的网络媒体的管理，定义如何使用实际网络（如 Ethernet、Serial Line 等）来传送数据。

15.2.3　域名机制

Internet 是基于 TCP/IP 协议进行通信和连接的，每一台主机都有一个唯一的

IP 地址，以区别于网络上其他成千上万的计算机。网络在区分所有与之相连的网络和主机时，均采用了一种唯一、通用的地址格式，即每一个与网络相连接的计算机和服务器都被指派了一个独一无二的地址。为了保证网络上每台计算机的 IP 地址的唯一性，用户必须向特定机构申请注册，分配 IP 地址。网络中的地址方案分为两套：IP 地址系统（参看 15.3 节）和域名地址系统。这两套地址系统其实是一一对应的关系。IP 地址用二进制数来表示，每个 IP 地址长 32 比特，可由 4 个小于 256 的十进制数表示，之间用点号分隔，例如 100.10.0.1 表示一个 IP 地址。由于 IP 地址是用数字来标识，使用时难以记忆和书写，因此在 IP 地址的基础上又发展出一种符号化的地址方案，来代替数字型的 IP 地址。每一个符号化的地址都与特定的 IP 地址对应，这样网络上的资源访问起来就容易得多了。这个与网络上的数字型 IP 地址相对应的字符型地址，就被称为域名。

可见域名就是上网单位的名称，是一个通过计算机登上网络的单位在该网中的地址。一个公司如果希望在网络上建立自己的主页，就必须取得一个域名，域名也是由若干部分组成，包括数字和字母。通过该地址，人们可以在网络上找到所需的详细资料。域名是上网单位和个人在网络上的重要标识，起着识别作用，便于他人识别和检索某一企业、组织或个人的信息资源，从而更好地实现网络上的资源共享。除了识别功能外，在虚拟环境下，域名还可以起到引导、宣传、代表等作用。

以一个常见的域名 www.sina.com.cn 为例说明，CN 就表示顶级域名中的中国，com 是二级域名商业机构，sina 是服务器的名称，www 是万维网。

DNS 规定，域名中的标号都由英文字母和数字组成，每一个标号不超过 63 个字符，也不区分大小写字母。标号中除连字符（-）外不能使用其他的标点符号。级别最低的域名写在最左边，而级别最高的域名写在最右边。由多个标号组成的完整域名总共不超过 255 个字符。

类别域名是指前面的六个域名，分别依照申请机构的性质依次分为：

ac —— 科研机构

com —— Commercial organizations，工、商、金融等企业

edu —— Educational institutions，教育机构

gov —— Governmental entities，政府部门

net —— Network operations and service centers，互联网络、接入网络的信息中心（NIC）和运行中心（NOC）

org —— Other organizations，各种非盈利性的组织

info —— infomation，提供信息服务的企业

museum —— museum，适用于博物馆的专用顶级域名

int —— International organizations，国际组织

域名解析就是实现域名和 IP 地址之间的转换。人们习惯记忆域名，但机器间互相只认 IP 地址，域名与 IP 地址之间是一一对应的，它们之间的转换工作称为域名解析，域名解析需要由专门的域名解析服务器来完成，整个过程是自动进行的。

15.2.4　基本服务

1. 万维网 WWW

Internet 最吸引人的服务就是 WWW（World Wild Web），它是一个集文本、图像、声音、影像等多种媒体的最大信息发布服务平台，同时具有交互式服务功能，是目前用户获取信息的最基本手段。Internet 的出现产生了 WWW 服务，反过来，WWW 的产生又促进了 Internet 的发展。目前，Internet 上已无法统计 Web 服务器的数量，越来越多的组织机构、企业、团体、甚至个人，都建立了自己的 Web 站点和页面。

2. 电子邮件 E-mail

电子邮件服务是 Internet 上应用最广泛的一种服务方式。它的使用机制是模拟邮政系统，使用"存贮—转发"的方式将用户的发出的邮件沿着一条逻辑上的通道转发到目的主机的 E-mail 信箱中。与常规的邮政相比，电子邮件的传递方便快捷，几乎没有时间上的延迟，而且它可以同时发送给多个接收者或转发给第三者。除了普通的文本外，电子邮件还可以传递非文本文件。

3. 文件传输 FTP

FTP（File Transfer Protocol）是 Internet 应用中使用比较广泛的一种服务。它使用户能够在具有逻辑通路的两台计算机之间传输文件。在具有图形用户界面的 World Wide Web 环境于 1995 年开始普及之前，匿名 FTP 一直是 Internet 上获取资源的最主要方式。在 Internet 成千上万的匿名 FTP 主机中存贮着无以计数的文件，这些文件包含了各种各样的信息、数据和软件。人们只要知道特定信息资源的主机地址，就可以用匿名 FTP 登录获取所需的信息资料。虽然目前使用 WWW 环境逐渐取代匿名 FTP 成为最主要的信息查询方式，但是匿名 FTP 仍然是 Internet 上传输分发软件的一种基本方法。除此之外，FTP 服务还提供远程主机登录、目录查询、文件操作以及其他会话控制功能。

4. 远程登录 Telnet

Telnet 是 Internet 为用户所提供的原始服务之一。Telnet 允许用户通过本地计算机登录到远程计算机中，不论远程计算机是在隔壁，还是远在千里之外。只要用户拥有远程计算机的账号，就可以使用远程计算机的各处资源，包括程序、数据库和其上的各种设备。

15.2.5　接入方法

提到接入网，首先要涉及一个带宽问题，随着互联网技术的不断发展和完善，接入网的带宽被人们分为窄带和宽带。业内专家普遍认为宽带接入是未来发展方向。宽带的方式有以下几种：

1. 电话拨号上网

它的带宽只有 256K，是最古老的上网方式。

2．调制解调器拨号上网

这就是现在的 ADSL，是比较普遍的上网方式，通过调制解调器拨号进行上网，带宽一般是 1M~8M，带宽主要是看线路，线路好的就可以达到 8M。

3．光纤上网

目前最快的上网方式，一般带宽是 2M/8M/34M/155M/622M/2.5G，这种上网方式费用较高，现在某些城市实行的 3 网合一就是用光纤的方式。（3 网合一：计算机网、广播电视网、电话通信网，以前是这 3 个网 3 根线，现在就是 3 个网 1 条线，就是光纤。）

4．无线上网

无线上网是指使用无线连接的互联网登录方式。它使用微波作为数据传输的媒介。速度和传输距离虽然没有有线线路上网优秀，但它以移动便捷为杀手锏，深受广大商务人士喜爱。

现在无线上网技术应用非常广泛，常见的有 GSM、CDMA、GPRS 蓝牙、4G 这几种接入方式。常见的无线上网包括下面几类：

（1）手机单独上网。

（2）带 WiFi 功能的智能手机，在检测到 Chinanet 的 Wlan 信号，通过账号认证方式上网。

（3）在电脑上安装网卡，3G 网络有中国电信的 EVDO、联通的 WCDMA、移动的 TD-SCDMA，2G 网络目前处于淘汰边缘，只有部分用户使用，但速度较慢（移动的 GPRS/EDGE/TD，电信的 CDMA1X/EV-DO，联通的 GPRS/WCDMA），拨号上网。

（4）电脑检测到 Chinanet 的 Wlan 信号，通过账号认证方式上网。

（5）电脑连接手机（用连接线/蓝牙），把手机当作 MODEM 拨号，电脑上网。

（6）在有线宽带上安装无线路由器（或称无线 AP），电脑或手机通过无线 AP 的 WiFi 信号上网。

（7）手机通过蓝牙（无线方式）连接到已有线上网的电脑，共享电脑的网线上网。

15.3　IP 地址

15.3.1　IP 地址简介

众所周知，在电话通信中，拨打电话首先要知道对方的电话号码，在整个电话网络中，号码是唯一的。同理，为实现 Internet 上不同计算机之间的通信，每台计算机都必须有一个不与其他计算机重复的地址，被称为 IP 地址。

一个 IP 地址由 32 位二进制数组成，整个 IP 地址由两部分组成：网络地址（Network ID）和主机地址（Host ID），如图 15-8 所示。网络地址用来标识不同的网络，主机地址用来标识一个网络中特定的主机。网络地址由 IANA 的地址分配机构统一分配，以保证 IP 地址的唯一性。

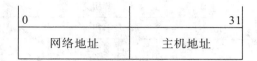

图 15-8　IP 地址的组成

32 位的 IP 地址常用点分十进制标记法（dotted decimal notation）来表示，即将 4 个字节中的每个字节用十进制数表示，从 0 到 255，4 个十进制数之间用点号分隔，如图 15-9 所示。

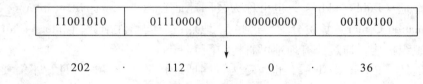

图 15-9　点分十进制表示法举例

15.3.2　IP 地址的分类

1. 分类编址方案

过去几十年来，IP 地址被分为 A、B、C、D、E 五大类，如图 15-10 所示，这种分配方案被称为分类编址方案。

A 类、B 类和 C 类地址为单播地址，即一个 A 类、B 类或 C 类地址只能标识网络中的一个接口，正如用街道地址标识城市街区的房子一样，一个街道地址必须能够标识一个唯一的住所，单播地址也必须是全局唯一的。由于 A、B、C 三类地址的网络地址部分和主机地址部分的位数不同，因此它们所能标识的网络数量和主机数量也不同，分别适用于不同的网络规模。

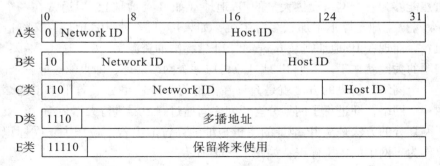

图 15-10　分类编址方案

2. 特殊 IP 地址

在 IP 地址中，有一些地址用来做特殊用途，称为特殊 IP 地址，如表 15-1 所示。

表 15-1   特殊 IP 地址

网络地址	主机地址	地址类型	用途
全 0	全 0	本机	启动时使用
全 0	HostID	主机	标识当前网络上的主机
Network ID	全 1	直接广播	在指定网络上的广播
全 1	全 1	有限广播	在本地网络上广播
127	任意值	回环地址	测试（127.0.0.1）

3. 公有地址和私有地址

IP 地址分为公有 IP 地址和私有 IP 地址。

公有地址（Public address，也可称为公网地址）由 Internet NIC（Internet Network Information Center）负责分配。这些 IP 地址被分配给注册并向 Internet NIC 提出申请的组织机构，通过公有地址可直接访问 Internet。

私有地址（Private address，也可称为专网地址）属于非注册地址，不需要 Internet NIC 统一分配，可由组织机构内部自行分配使用，它属于局域网的范畴，除了所在局域网是无法访问 Internet 的。目前留用的私有地址如表 15-2 所示。

表 15-2   保留给私有网络的 IP 地址段

地址类别	地址
A 类	10.0.0.0 - 10.255.255.255
B 类	172.16.0.0 - 172.31.255.255
C 类	192.168.0.0 - 192.168.255.255

4. 子网划分

根据前述分类编址方案可以看出，同一个网络中的主机都必须具有相同的网络地址（Network address）。随着网络规模的扩大，一个网络中的主机数量越来越多，虽然能够为一个网络提供大量的 IP 地址（如 B 类地址），但通常在一个网络（如以太网）内却支撑不了那么多台主机，如果再申请一个 IP 地址，又将造成地址的浪费，而现在 IP 地址则是 Internet 上非常稀缺的资源。

问题的关键就在于，一个 IP 地址只对应一个网络地址，即只能对应一个网络，而不是一组网络。解决的方法就是允许在内部将一个网络分成若干个子网，而对外仍像一个网络，即进行子网划分。子网之间通过路由器进行数据传输。

子网划分的方法是从 IP 地址的主机地址的高位取出若干位作为子网标识，其余部分作为子网中的主机标识，如图 15-11 所示。

图 15-11　IP 地址进行子网划分格式

因为子网地址长度不是固定的，所以必须说明 IP 地址中哪一部分是包含子网的网络地址段，哪一部分是主机地址段，这就是子网掩码的作用。

子网掩码使用与 IP 地址相同的格式，子网掩码的网络地址部分和子网号部分全为 1，主机部分全为 0。例如一个缺省的 C 类 IP 地址的子网掩码为：255.255.255.0。

子网掩码不单独使用而是和 IP 地址结合使用。用子网掩码的二进制形式和 IP 地址的二进制形式做与运算，即可得到 IP 地址中的包含子网号的网络地址；将子网掩码的二进制形式取反后再与 IP 地址做与运算，则可得到 IP 地址中真正用来标识主机的主机地址，如图 15-12 所示。

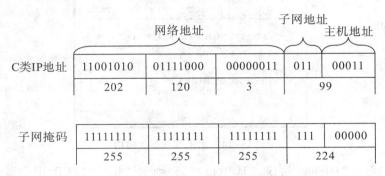

图 15-12　子网掩码使用举例

15.3.3　查看和配置 IP 地址

1. 查看 IP 地址

在 Windows XP 系统中打开命令提示符窗口（从【开始】→【所有程序】→【附件】→【命令提示符】进入），在打开的窗口中键入：ipconfig 命令，就可查看本机的 IP 地址，如图 15-13 所示。

图 15-13　在 Windows XP 操作系统中查看 IP 地址

2. 配置 IP 地址

（1）打开 Windows XP 的"网络连接"属性

右击 Windows 桌面上的"网上邻居"图标，在弹出菜单中选择"属性"打开。

（2）打开"本地连接属性"

在"本地连接"上右击，选择"属性"打开，如图 15-14 所示。

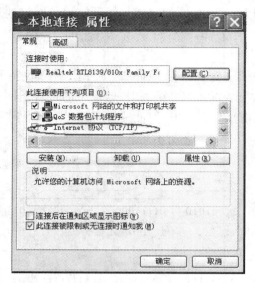

图 15-14　本地连接属性窗口

（3）双击"Internet 协议（TCP/IP）"，弹出"协议（TCP/IP）属性"窗口，如图 15-15 所示。

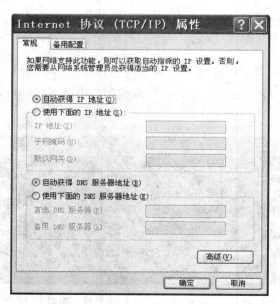

图 15-15　Internet 协议（TCP/IP）属性窗口

（4）选择"使用下面的 IP 地址"和"使用下面的 DNS 服务器地址"，输入所要使用的 IP 地址和 DNS 服务器地址，点击确定即可，如图 15-16 所示。

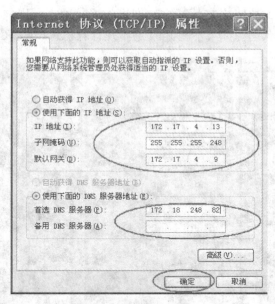

图 15-16　配置 IP 地址和 DNS 服务器地址

15.4　网络故障分析及解决

15.4.1　网络故障解决思路

一般说来，网络连接、软件属性配置和协议配置是导致网络故障的三大原因，所以我们先从这几个方面来看看网络故障的解决思路。

当计算机出现以上网络连接故障的时候，应该按照下述步骤来排除故障：

1. 确认网络连接故障

当出现一种网络程序使用故障时，首先应该尝试使用其他的网络程序。比如当 IE 浏览器无法登录网站时，用 OutExpress 看看能否收发电子邮件，或者打开【网上邻居】看看是否能够找到其他计算机，也可以用 Ping 方法检查与其他计算机是否处于正常连接状态。要是上述这些方法中有一个可以成功，则说明网络连接不存在故障，否则就要继续下面的排除步骤。

2. 基本检查

所谓基本检查主要是查看网卡和集线器的指示灯状态。一般网卡和集线器的指示灯在正常情况下没有传输数据时闪烁得比较慢，而传输数据时闪烁速度比较快，所以当这两个指示灯处于长灭或者是长亮状态则说明网络连接存在故障，这时就要关闭计算机，更换网卡、连接线或者集线器以排除故障。

3. 初步检测

初步检测网络故障时可以使用 Ping 命令来 Ping 本地计算机的 IP 地址来检查网卡和网络协议的配置是否正确。如果 Ping 本地计算机没有问题，如图 15-17 所示，那就说明网络的故障出在计算机和网络的连接处，所以应该检查网线的连通性和集线器端口的状态。如果不能 Ping 通本地计算机，说明 TCP/IP 协议有问题。

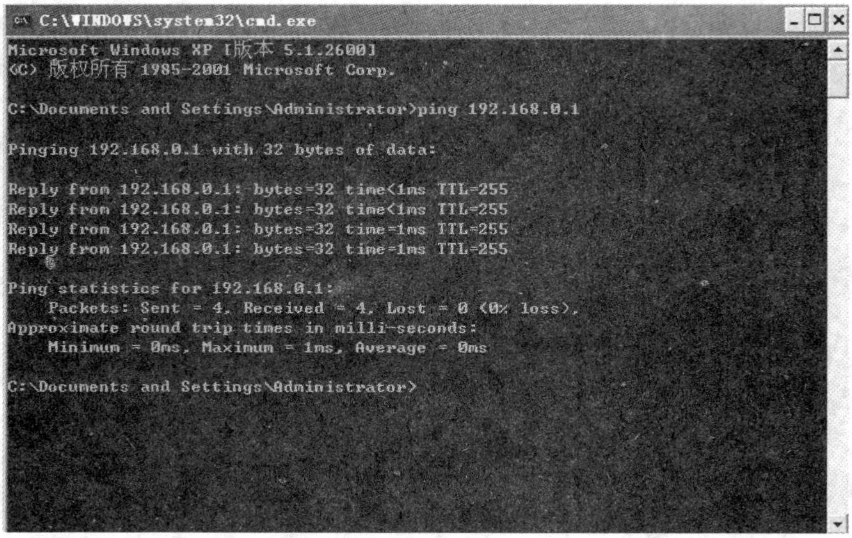

图 15-17　PING 本地计算机

4. 检查网卡

打开【设备管理器】查看网卡驱动程序是否已经安装好了，如果在硬件列表中没有发现网卡或者发现网卡图标前面有一个黄色的"!"，则说明网卡驱动没有正确安装，此时需要将系统中的网卡驱动程序删除之后重新安装，接着为这块网卡安装和配置正确的网络协议，最后再进行测试。

如果网卡驱动不能正确安装，有可能是网卡硬件损坏，跟其他硬件有资源冲突，或者是网卡的驱动程序损坏，这时最好换网卡和主板插槽或者重新安装驱动程序，然后进行下面步骤。

5. 检查网络协议

用 "ipconfig/all" 命令来查看本地计算机是否安装了 "TCP/IP" 协议，以及是否正确配置了 IP 地址、子网掩码、默认网关、DNS 服务器等。

如果网络协议还没有安装，或者是协议没有正确配置，则需要安装和配置必需的网络协议。重新启动计算机之后，再次进行这些基本检查步骤。若是网络协议都已经安装并且正确配置，就可以断定是网络连接的问题，这时继续下面的步骤进行排除。

6. 确定故障

换一台局域网中的计算机进行网络应用程序测试，如果仍然出现类似刚才的故障，在确认网卡和网络协议都正常的情况下就能判断是服务器、集线器或交换机等设备出现了问题。

为了进一步确认，可以再换一台计算机继续测试，从而确定网络连接故障的位置。如果在其他计算机上的测试结果完全正常，那么网络故障就定位在发生故障的计算机的网络连接上，这时就需要重新制作一个网线接头或者更换一根网线。

常见的网络故障主要表现在以下几个方面，读者可以根据以下思路进行解决。

（1）QQ、MSN能上，但不能打开网页的故障分析。

① DNS服务器设置错误：请检查网络连接中首选DNS和备用DNS设置是否正确。

② TCP/IP协议出错：如果DNS设置无误但仍无法浏览网页，就应检查TCP/IP协议是否正确安装。如果重复安装两次拨号网络适配器或TCP/IP协议，就极可能造成无法浏览网页，请务必删除一个。如果要卸载并重新安装TCP/IP协议，请卸载后重新启动电脑，再重新安装。

③ 如果是IE不能打开网页，而换用其他浏览器正常，则需要重新安装IE。

（2）能上网但PING不通。

如果你PING指定的IP地址不通，但又不是所有的都不通，这种现象可解释为：指定的IP地址设置了防PING规则（如安装防火墙）。一般在不能上网时才使用PING测试，顺序一般是：ping 127.0.0.1→ping自己→ping网关→PING代理服务器→ping DNS服务器，它是测试网络是否正常的一种辅助办法。

（3）上不了网的处理方法。

① 首先进入命令行模式，通过ping 127.0.0.1来判断TCP/IP协议是否正确安装，不通则重新安装设置。

② 输入IPCONFIG获得本机IP网关，通过PING本机IP判断网卡是否有问题，如果不通重新安装驱动。

③ 前两步已经判断工作正常，可查看是线路问题，还是出在远程服务器或路由器线路上。执行PINF网关IP地址，如果不通则说明问题基本出在线路上，这时可查看RJ45水晶头是否扭断并更换网线测试；如果通则说明从本机到服务器或路由器的远程连接正常，问题在电信方面，与本机无关。

15.4.2　常用故障诊断工具

在排查网络故障过程中，有时很难确定故障的根源。如果有一些软件的支持，诊断网络故障也就不会这么困难了。下面就介绍一些小巧的网络诊断程序以及使用方法。

1. Ping命令

Ping主要用于确定网络是否处于连接状态。这个功能在确定网络是否处于正常连接和网络的连接状况（丢失数据包的比率）非常有用。

（1）Ping命令的格式。

Ping一般有两种命令格式："Ping对方主机名称"和"Ping对方主机的IP地址"。使用时可以再Windows的命令提示符窗口或者是通过【开始】｜【运行】命令来执行。比如我们输入"Ping www.sina.com.cn"，命令之后将看见如图15-18所示的界面。

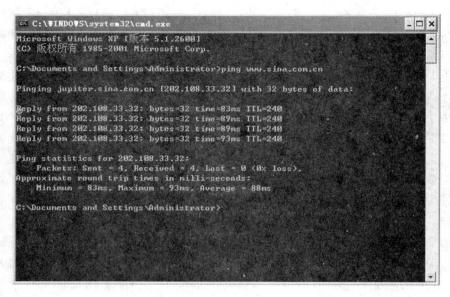

图 15-18　Ping 程序运行窗口

通过使用 ping 命令，我们不仅能够检测出对方主机是否处于正常运行状态，还可以了解自己的计算机与对方主机之间的连接速率等状况。

（2）常见错误信息。

通常 Ping 命令的出错信息有下面四种：

① Unknow host

Unknow host 出错往往是远程主机的名称无法被域名服务器转换为 IP 地址。导致这种故障的原因有可能是域名服务器出现问题，或输入的远程主机名称不对，或者是通信线路有故障。

② Network unreachable

Network unreachable 出错是因为本地系统没有到达远程计算机之间的路由，这时可以采用后面介绍的 netstat 命令来检查路由表，确定路由配置是否正确。

③ No answer

No answer 出错时远程系统没有响应，这种故障说明本地系统有一条可以到达远程计算机的路由，但是接受不到它发送给本地计算机任何信息。这类网络故障出现的原因有可能是远程计算机没有运行、本地或者远程计算机网络配置不正确、本地或者远程计算机路由器没有工作、通信线路有问题，或远程主机的路由选择有问题。

④ Request Timed out

2. ipconfig 命令

Ipconfig 也是一个内置于 Windows 的命令之一，它可以显示出本地计算机的 IP 配置信息和网卡的 MAC 地址。

在命令提示符窗口中输入"ipconfig/all"命令之后看见如图 15-19 所示的窗口，其中列举出当前计算机内安装的所有网卡的物理地址、主机的 IP 地址、子网掩码以及默认网关等配置，这可以很方便地判断配置信息是否正确。

```
C:\WINDOWS\system32\cmd.exe

C:\Documents and Settings\Administrator>ipconfig/all

Windows IP Configuration

        Host Name . . . . . . . . . . . . : jsmt
        Primary Dns Suffix  . . . . . . . :
        Node Type . . . . . . . . . . . . : Unknown
        IP Routing Enabled. . . . . . . . : No
        WINS Proxy Enabled. . . . . . . . : No

Ethernet adapter 本地连接:

        Connection-specific DNS Suffix  . :
        Description . . . . . . . . . . . : NVIDIA nForce 10/100/1000 Mbps Ether
net
        Physical Address. . . . . . . . . : 00-13-D3-17-28-B6
        Dhcp Enabled. . . . . . . . . . . : No
        IP Address. . . . . . . . . . . . : 192.168.0.3
        Subnet Mask . . . . . . . . . . . : 255.255.255.0
        Default Gateway . . . . . . . . . : 192.168.0.1
        DNS Servers . . . . . . . . . . . : 192.168.99.80
                                            221.11.1.67

C:\Documents and Settings\Administrator>_
```

图 15-19　检查配置信息

通过“ipconfig/?”命令可以查看所有附加参数，如图 15-20 所示。

```
C:\WINDOWS\system32\cmd.exe
       /flushdns    Purges the DNS Resolver cache.
       /registerdns Refreshes all DHCP leases and re-registers DNS names
       /displaydns  Display the contents of the DNS Resolver Cache.
       /showclassid Displays all the dhcp class IDs allowed for adapter.
       /setclassid  Modifies the dhcp class id.

The default is to display only the IP address, subnet mask and
default gateway for each adapter bound to TCP/IP.

For Release and Renew, if no adapter name is specified, then the IP address
leases for all adapters bound to TCP/IP will be released or renewed.

For Setclassid, if no ClassId is specified, then the ClassId is removed.

Examples:
    > ipconfig                   ... Show information.
    > ipconfig /all              ... Show detailed information
    > ipconfig /renew            ... renew all adapters
    > ipconfig /renew EL*        ... renew any connection that has its
                                     name starting with EL
    > ipconfig /release *Con*    ... release all matching connections,
                                     eg. "Local Area Connection 1" or
                                         "Local Area Connection 2"

C:\Documents and Settings\Administrator>
```

图 15-20　ipconfig 所有参数

下面简单介绍各参数的意义：

① /all

显示完整的参数配置。

② /renew

更新 DHCP 配置参数，这个选项只有在运行 DHCP 客户端的系统上可用。

③ /release

发布当前的 DHCP 配置，这个选项禁用了本地计算机中的 TCP/IP，并只有在客户端使用。用户通过这个命令可以在客户端上决定是否继续使用 DHCP 配置参数。

3. tracert 命令

tracert 同样也是 Windows 内置的 TCP/IP 命令之一，它通过向目标发送不同 IP 存活时间值的 ICMP 数据包来判断目标使用的路由，也就是说当你连接到一个网站上时可以查看出从你的计算机经过了哪些中转服务器才最终到达目标计算机。

比如我们在命令提示符窗口中输入 "Tracert www. sina. com. cn" 命令之后将看见如图 15-21 所示的界面，这其中就显示出到达新浪网站所经历的网站以及每个网站的速度。

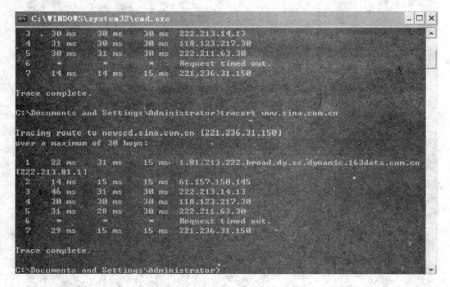

图 15-21　tracert 新浪的路径

使用 Tracert 可以判断数据包在网络上停止的位置。比如当我们在跟踪 www. sina. com. cn 路由的时候，如果显示 "10. 11. 128. 9reports：Destination net unrea." 的信息，这就说明 10. 11. 128. 9 主机出现了故障，或路由器配置出现了问题。

4. netstat 命令

执行 Netstat 命令之后，我们可以了解到当前计算机的 IP 地址、计算机名称、连接使用的协议与端口等信息。而且在使用了附加参数之后还可以获得更多的有用信息，比如当前网络连接和发送的字节数等，所以在没有别的网络管理软件时，这个命令的作用就发挥出来了，如图 15-22 所示。

```
C:\Documents and Settings\Administrator>netstat

Active Connections

  Proto  Local Address          Foreign Address        State
  TCP    5DA3890F453948B:1025   localhost:1026         ESTABLISHED
  TCP    5DA3890F453948B:1026   localhost:1025         ESTABLISHED
  TCP    5DA3890F453948B:1027   localhost:1028         ESTABLISHED
  TCP    5DA3890F453948B:1028   localhost:1027         ESTABLISHED
  TCP    5DA3890F453948B:5152   localhost:1335         CLOSE_WAIT

C:\Documents and Settings\Administrator>netstat -e
Interface Statistics

                           Received            Sent

Bytes                      47393970        56765922
Unicast packets               97706          101632
Non-unicast packets            2306             261
Discards                          0               0
Errors                            0               0
Unknown protocols               151

C:\Documents and Settings\Administrator>netstat -n

Active Connections

  Proto  Local Address          Foreign Address        State
  TCP    127.0.0.1:1025         127.0.0.1:1026         ESTABLISHED
  TCP    127.0.0.1:1026         127.0.0.1:1025         ESTABLISHED
  TCP    127.0.0.1:1027         127.0.0.1:1028         ESTABLISHED
  TCP    127.0.0.1:1028         127.0.0.1:1027         ESTABLISHED
  TCP    127.0.0.1:5152         127.0.0.1:1335         CLOSE_WAIT

C:\Documents and Settings\Administrator>netstat -s

IPv4 Statistics

  Packets Received                   = 100068
  Received Header Errors             = 0
  Received Address Errors            = 3
  Datagrams Forwarded                = 0
  Unknown Protocols Received         = 0
  Received Packets Discarded         = 1501
```

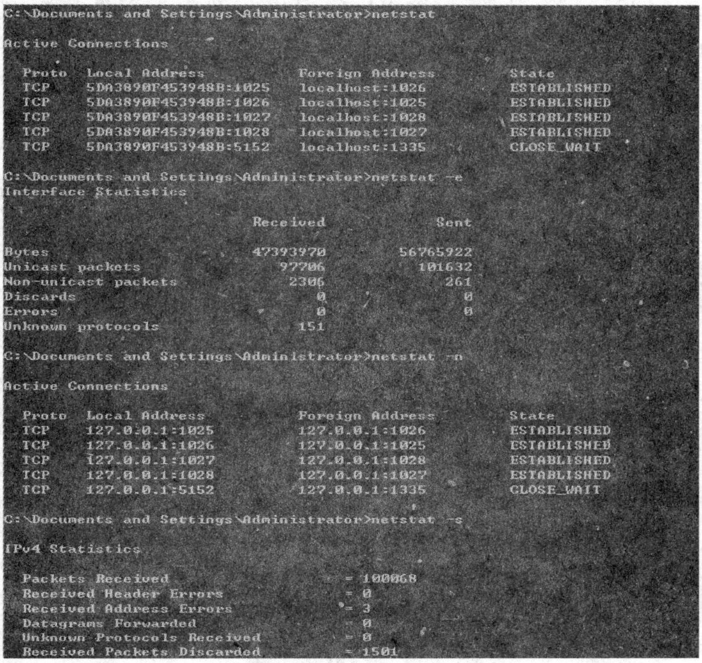

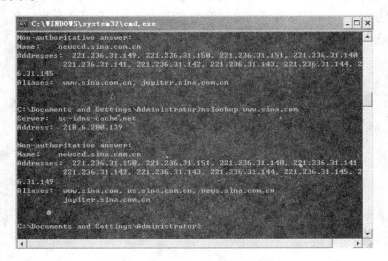

图 15-22　netstat 命令执行结果

5. nslookup

nslookup 是一个用于查询 Internet 域名信息或诊断 DNS 服务器问题的工具，如图 15-23 所示。

```
C:\WINDOWS\system32\cmd.exe
Non-authoritative answer:
Name:    newscd.sina.com.cn
Addresses:  221.236.31.149, 221.236.31.150, 221.236.31.151, 221.236.31.140
          221.236.31.141, 221.236.31.142, 221.236.31.143, 221.236.31.144, 2
6.31.145
Aliases:  www.sina.com.cn, jupiter.sina.com.cn


C:\Documents and Settings\Administrator>nslookup www.sina.com
Server:  sc-idns-cache.net
Address:  218.6.200.139

Non-authoritative answer:
Name:    newscd.sina.com.cn
Addresses:  221.236.31.150, 221.236.31.151, 221.236.31.140, 221.236.31.141
          221.236.31.142, 221.236.31.143, 221.236.31.144, 221.236.31.145, 2
6.31.149
Aliases:  www.sina.com, us.sina.com.cn, news.sina.com.cn
          jupiter.sina.com.cn


C:\Documents and Settings\Administrator>
```

图 15-23　nslookup 查看新浪的 DNS

6. telnet

telnet 用于登录到远程计算机上。该命令允许用户使用 telnet 协议在远程计算机之间进行通信，用户可以通过网络在远程计算机上登录，就像登录到本地机上执行命令一样。为了通过 telnet 登录到远程计算机上，必须知道远程机上的合法用户名和口令。虽然有些系统确实为远程用户提供登录功能，但出于对安全的考虑，要限制来宾的操作权限。用户还可以使用 telnet 从远程站点登录到自己的计算机上，检查电子邮件、编辑文件和运行程序，就像在本地登录一样。

用法：telnet　计算机名/IP 地址

7. FTP

FTP 命令的功能是在本地机和远程机之间传送文件，是在 TCP/IP 网络上的计算机之间传输文件的简单有效的方法。它允许用户传输 ASCII 文件和二进制文件。在 FTP 会话过程中，用户可以通过使用 FTP 客户程序连接到另一台计算机上。从此，用户可以在目录中上下移动、列出目录内容、把文件从远程机拷贝到本地机上、把文件从本地机传输到远程系统中。需要注意的是，如果用户没有那个文件的存取权限，就不能从远程系统中获得文件或向远程系统传输文件。为了使用 FTP 来传输文件，用户必须知道远程计算机上的合法用户名和口令。这个用户名/口令的组合用来确认 FTP 会话，并用来确定用户对要传输的文件可以进行什么样的访问。另外，用户显然需要知道对其进行 FTP 会话的计算机的名字或 IP 地址。

用法：ftp 计算机名/IP 地址

15.5　课后练习

1. 目前局域网最常使用的是哪种拓扑结构？
2. 列举你所知道的网络设备并简述其功能。
3. 你在使用计算机时常遇到哪些网络方面的问题？你是如何解决的？
4. 你怎样看待计算机网络未来的发展趋势？

第 16 课　IT 前沿技术介绍

在学习和生活中，您听说过云计算、机器人、3G 技术、物联网等技术吗？您了解多少？

作为当今的大学生，应该紧跟时代步伐，了解一些 IT 前沿技术。云计算、机器人、3G 技术、物联网，都是信息技术领域的热门课题。这一课，为大家介绍这些 IT 前沿技术，可以帮助大家拓宽视野，增长见识。

16.1　云计算

云计算概念是由 Google 提出的，这是一个美丽的网络应用模式。这种服务可以是与 IT 和软件、互联网相关的，也可以是任意其他的服务。它具有超大规模、虚拟化、可靠安全等独特功效。本节将从几张简单的漫画引入云计算的概念，然后介绍云计算的特点以及云计算的应用。

16.1.1　云计算的概念

什么是云计算呢？最开始的时候，人们使用算盘，后来有了电脑，大家开始使用电脑，再后来有了网络了，人们便开始使用网络。再后来，上网的人太多了，服务器便吃不消了。

图 16-1 算盘

图 16-2 电脑

图 16-3　上网

图 16-4　服务器负载

于是，性能更好的服务器出现了，再到后来，上网的人更多了，于是服务器也更多了。但实际上这样的效果并不是很好，过度繁重的结构加大了网站设计和构架的难度，而且越是复杂的系统越不稳定。有可能一个出问题，这样一个完整的系统就彻底挂掉。如果考虑到系统的崩溃情况，那势必要引入一个更复杂的方案来保证不同的服务器可以做不同的支援。这是一个无解的循环，大量的计算资源被浪费在无限制的互相纠结中，很快到了瓶颈。

图 16-5　新服务器　　　　图 16-6　多服务器　　　　图 16-7　云计算

于是人们突然想到了一个好办法：把所有计算资源集结起来看成是一个整体（一朵云），通过并发使用资源完成操作请求。每个操作请求都可以按照一定的规则分割成小片段，分发给不同的机器同时运算，每个机器其实只要做很小的计算就可以，这是哪怕 286 机器都能轻松完成的。最后将这些机器的计算结果整合，输出给用户。在用户看来，他面对的并不是许多机器，而是一个似乎真正存在的、计算能力巨大无比的单个服务器。

云计算（Cloud Computing）是网格计算（Grid Computing）、分布式计算（Distributed Computing）、并行计算（Parallel Computing）、效用计算（Utility Computing）、网络存储（Network Storage Technologies）、虚拟化（Virtualization）、负载均衡（Load Balance）等传统计算机技术和网络技术发展融合的产物。它旨在通过网络把多个成本相对较低的计算实体整合成一个具有强大计算能力的完美系统，并借助 SaaS、PaaS、IaaS、MSP 等先进的商业模式把这种强大的计算能力分布到终端用户手中。云计算的一个核心理念就是通过不断提高"云"的处理能力，进而减少用户终端的处理负担，最终使用户终端简化成一个单纯的输入输出设备，并能按需享受"云"的强大计算处理能力！

16.1.2　云计算的特点

（1）数据安全可靠。云计算可以为用户提供最安全可靠的数据存储中心，用户不用担心数据的丢失和病毒的侵袭。用户自己电脑上的数据可能会因为自己的误操作或者病毒攻击等导致数据丢失无法恢复，也可能会因为黑客的入侵而被窃取，而将数据存储在云端，将保证有专业的团队帮用户管理信息、保存数据，严格的权限管理策略可以帮助你放心地与你指定的人共享数据。

（2）客户端需求低。云计算对用户端的设备要求是很低的，使用也是最方便的。每个用户都有过自己维护电脑的经历，经常需要寻找软件的升级，下载某些软件，为了防止病毒，还需要安装防火墙和杀毒软件，不断升级病毒库，但是有了云计算，只要有一台电脑和一个浏览器，就可以享受云计算带来的乐趣，不必担心软件的版本以及病毒，因为云端会有专业 IT 人员帮用户维护。

（3）轻松共享数据。云计算可以实现不同设备和用户之间的数据共享。当我们购买一部新手机的时候，往往需要拷贝一份联系方式到新的手机里，同样的，我们的不同设备之间的数据要实现同步和共享，在有了云计算之后，就变得十分轻松。在云计算的网络应用模式中，数据只有一份，保存在云端，用户所有电子设备只要通过互联网就可以同时访问。

（4）资源配置动态化。云计算根据用户的需求动态划分或释放不同资源，当增加一个需求时，可通过增加可用的资源进行匹配，实现资源的快速弹性提供；如果用户不再使用这部分资源时，可释放这些资源。云计算为客户提供的这种能力是无限的，实现了 IT 资源利用的可扩展性。

（5）需求服务自助化。云计算为客户提供自助化的资源服务，用户无须同提供商交互就可自动得到自助的计算资源能力。同时云系统为客户提供一定的应用服务目录，客户可采用自助方式选择满足自身需求的服务项目和内容。

（6）服务可计量化。在提供云服务过程中，针对客户不同的服务类型，云计算通过计量的方法来自动控制和优化资源配置，即资源的使用可被监测和控制，是一种即付即用的服务模式。

16.1.3 云计算的应用

（1）云物联。物联网就是物物相连的互联网，物联网的核心和基础还是互联网，在互联网的基础上进行扩展和延伸，进行信息的交换和通信。随着物联网业务的增加，对数据的存储以及计算都需要云计算的支持。

（2）云安全。云安全的基本策略是使用者越多，每个使用者就越安全，因为在这样一个相当大的网络用户群体中，足以覆盖互联网的每个角落，只要有某一个网站出现了木马或者新病毒，就会被立刻发现和查杀。云安全通过网络的大量的客户端对网络异常的检测行为，获取网络中木马或者病毒的信息，进而将新信息发送到云端进行分析和处理，再将病毒或者木马的处理方式分发到每一个客户端。

（3）云存储。云存储类似于网络硬盘，它是在云计算上延伸的一个新概念，是指通过网格技术或分布式文件系统等功能，将网络中大量各种不同类型的存储设备通过应用软件集合起来协同工作，共同对外提供数据存储和访问共享等功能，云存储还是一个以数据存储和管理为核心的计算系统。

（4）云游戏。现在的游戏对硬件设备都有很高的需要，需要有高性能的显卡以及高端处理器和内存，当云游戏出现以后，在云游戏的运行模式下，所有游戏都在服务器端运行，游戏的画面渲染完毕后经过压缩通过网络传送到客户端，在客户端，用户的游戏设备不需要有很高的配置，只需要有基本的视频解压缩能力就可以了。

（5）云教育。流媒体平台采用分布式架构部署，分为 web 服务器，数据库服务器、直播服务器和流服务器，如有必要可在信息中心架设采集工作站搭建网络电视或实况直播应用，在各个学校已经部署录播系统或直播系统的教室配置流媒体功能组件，这样录播实况可以实时传送到流媒体平台管理中心的全局直播服务器上，同时录播的学校本色课件也可以上传存储到教育局信息中心的流存储服务器上，方便今后的检索、点播、评估等各种应用。

16.2　机器人

机器人问世已有几十年，但没有一个统一的概念。原因之一是机器人还在发展，另一原因主要是因为机器人涉及人的概念，成为一个难以回答的哲学问题。也许正是由于机器人定义的模糊，才给了人们充分的想象和创造空间。本章将从机器人的概念和发展历史开始，介绍机器人的分类以及典型应用。

图 16-8　概念机器人

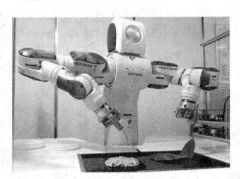
图 16-9　家庭机器人

16.2.1　机器人的基本概念

美国国家标准局是这样定义机器人的：一种能够进行编程并在自动控制下完成某些操作和移动作业任务或动作的机械、装置。国际化标准组织也对工业机器人有一个定义：工业机器人是一种具有自动控制的操作和移动功能，能完成各种作业的可编程操作机。机器人集中了机械工程、材料科学、电子技术、计算机技术、自动控制理论及人工智能等多学科的最新研究成果，代表了机电一体化的最高成就，是当代科学技术发展最活跃的领域之一。

机器人（Robot）是自动执行工作的机器装置。它既可以接受人类指挥，又可以运行预先编排的程序，也可以根据以人工智能技术制定的原则纲领行动。它的任务是协助或取代人类工作的工作，例如生产业、建筑业，或是危险的工作。它是高级整合控制论、机械电子、计算机、材料和仿生学的产物。

机器人一般由执行机构、驱动装置、检测装置和控制系统和复杂机械等组成。执行机构就是机器人本体，机器人本体的运动副称为关节，关节个数为计算机人的自由度数。驱动装置是驱使执行机构运动的部分，按照控制系统发出的命令信号，借助动力元件使机器人进行运动，主要是电力驱动装置，例如步进电机、伺服电机等，也有采用液压和气动的。检测装置是实时检测机器人运动以及工作情况的部分，根据采集的信号及时反馈给控制系统，保证对执行机构进行调整，确保机器人的动作符合要求，检测装置包括了信号传感器，如视觉、声觉等传感器。控制系统包括集中控制（即由一台微机控制完成）和分散式控制（即采用多台计算机分散控制）。

16.2.2　机器人的发展历史

智能型机器人是最复杂的机器人，也是人类最渴望能够早日制造出来的机器朋友。然而要制造出一台智能机器人并不容易，仅仅是让机器模拟人类的行走动作，科学家们就付出了数十年的努力。

机器人的历史并不算长，1959 年美国英格伯格和德沃尔制造出世界上第一台工业机器人，机器人的历史才真正开始。英格伯格在大学攻读伺服理论，这是一种研究运动机构如何才能更好地跟踪控制信号的理论。德沃尔曾于 1946 年发明了一种系统，可以"重演"所记录的机器的运动。1954 年，德沃尔又获得可编程机械手专利，这种机械手臂按程序进行工作，可以根据不同的工作需要编制不同的程序，因此具有通用性和灵活性，英格伯格和德沃尔都在研究机器人，认为汽车工业最适于用机器人干活，因为是用重型机器进行工作，生产过程较为固定。1959年，英格伯格和德沃尔联手制造出第一台工业机器人。这种机器人外形有点像坦克炮塔，基座上有一个大机械臂，大臂可绕轴在基座上转动，大臂上又伸出一个小机械臂，它相对大臂可以伸出或缩回，小臂顶有一个腕子，可绕小臂转动，进行俯仰和侧摇。腕子前头是手，即操作器。这个机器人的功能和人手臂功能相似。它成为世界上第一台真正的实用工业机器人。此后英格伯格和德沃尔成立了"尤尼梅逊"公司，兴办了世界上第一家机器人制造工厂，第一批工业机器人被称为"尤尼梅特"。他们因此被称为机器人之父。1962 年美国机械与铸造公司也制造出工业机器人，称"沃尔萨特兰"，意思是"万能搬动"。"尤尼梅特"和"沃尔萨特兰"就成为世界上最早的、至今仍在使用的工业机器人。据说文艺复兴时期，既是杰出画家、又是科学家的达·芬奇，曾设计出了一款机器人。近百年来发展起来的机器人，大致经历了三个成长阶段，也即三个时代。第一代为简单个体机器人，第二代为群体劳动机器人，第三代为类似人类的智能机器人，它的未来发展方向是有知觉、有思维、能与人对话。

第一代机器人属于示教再现型，第二代则具备了感觉能力，第三代机器人是智能机器人，它不仅具有感觉能力，而且还具有独立判断和行动的能力。英格伯格和德沃尔制造的工业机器人是第一代机器人，属于示教再现型，即人手把着机械手，把应当完成的任务做一遍，或者人用"示教控制盒"发出指令，让机器人的机械手臂运动，一步步完成它应当完成的各个动作。

第二代是有感觉的机器人。它们对外界环境有一定感知能力，并具有听觉、视觉、触觉等功能。机器人工作时，根据感觉器官（传感器）获得的信息，灵活调整自己的工作状态，保证在适应环境的情况下完成工作。如：有触觉的机械手可轻松自如地抓取鸡蛋，具有嗅觉的机器人能分辨出不同饮料和酒类。

第三代机器人是智能机器人。它不仅具有感觉能力，而且还具有独立判断和行动的能力，并具有记忆、推理和决策的能力，因而能够完成更加复杂的动作。中央电脑控制手臂和行走装置，使机器人的手完成作业，脚完成移动，机器人能够用自然语言与人对话。智能机器人的"智能"特征就在于它具有与外部世界对象、环境和人相适应、相协调的工作机能。从控制方式看，智能机器人不同于工业机器人的"示教、再现"，不同于遥控机器人的"主—从操纵"，而是以一种"认知—适应"的方式自律地进行操作。智能机器人在发生故障时，通过自我诊断装置能自我诊断出故障部位，并能自我修复。今天，智能机器人的应用范围大大地扩展了，除工农业生产外，机器人应用到各行各业，机器人已具备了人类的特点。机器人向着智能化、拟人化方向发展的道路，是没有止境的。

16.2.3　机器人的分类

关于机器人如何分类，国际上没有制定统一的标准，有的按负载量分，有的按控制方式分，有的按自由度分，有的按结构分，有的按应用领域分。我国的机器人专家从应用环境出发，将机器人分为两大类，即工业机器人和特种机器人。所谓工业机器人就是面向工业领域的多关节机械手或多自由度机器人。而特种机器人则是除工业机器人之外的、用于非制造业并服务于人类的各种先进机器人，包括：服务机器人、水下机器人、娱乐机器人、军用机器人、农业机器人、机器人化机器等。在特种机器人下，有些分支发展很快，有独立成体系的趋势，如服务机器人、水下机器人、军用机器人、微操作机器人等。目前，国际上的机器人学者，从应用环境出发将机器人也分为两类：制造环境下的工业机器人和非制造环境下的服务与仿人型机器人，这和我国的分类是一致的。

* 操作型机器人——能自动控制，可重复编程，有几个自由度，可固定或运动，用于相关系统中。
* 程控型机器人——按预先要求的顺序及条件，依次控制机器人的机械动作。
* 示教再现型机器人——通过引导或其他方式，先教会机器人动作，输入工作程序，机器人则自动重复进行作业。
* 数控型机器人——通过数值、语言等对机器人进行示教，机器人根据示教后的信息进行作业。
* 感觉控制型机器人——利用传感器获取的信息控制机器人的动作。
* 适应控制型机器人——机器人能适应环境的变化，控制其自身的行动。
* 学习控制型机器人——机器人能"体会"工作经验，具有一定的学习功能，并将所"学"的经验用于工作中。
* 智能机器人——以人工智能决定其行动的机器人。

16.2.4　机器人的应用

机器人的应用领域十分广泛，这些领域之间存在相当大差异，应用范围包括了工业生产、海空探索、军事医疗以及家庭和服务行业等。

工业机器人——制造工业应用机器人的主要目的在于削减人员编制和提高产品质量。与传统的机器相比，主要有两个主要优点：第一是生产过程几乎完全自动化，第二是生产设备的高度适应能力。现在工业机器人主要用于汽车工业、机电工业、通用机械工业、建筑业、金属加工、铸造以及其他重型工业和轻工业部门。在农业方面，机器人用于水果和蔬菜的嫁接、收获、检验与分类、剪羊毛和挤牛奶等。

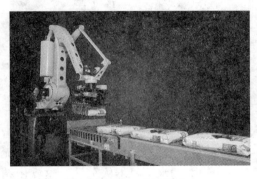

图 16-10　工业机器人

图 16-11　工业机器人

探索机器人——用于探索，即在恶劣或不适于人类工作的环境下执行任务，包括了自主机器人以及遥控机器人。例如：水下机器人，随着海洋开发事业的发展，一般潜水技术已无法适应高深度考察和研究并完成多种作业的需要。空间机器人，在月球、火星以及其他星球等非人居住条件下完成先驱勘探，在宇宙空间代替宇航员做卫星的服务，空间站上的服务以及空间环境的应用试验。

图 16-12　探索机器人

图 16-13　登月机器人

服务机器人——为病人看病、护理病人和协助病残人员康复的机器人能够极大地改善伤残疾病人员的状态以及改善瘫痪者（包括下肢及四肢瘫痪者）和被截肢者的生活条件。服务机器人已应用于下列几方面：①诊断机器人，即配备有医疗诊断专家系统的机器人。②护理机器人，是一些具有丰富护理经验的机器人护士或护师。③伤残瘫痪康复机器人，包括假肢、矫形以及遥控等技术。④家用机器人，机器人已开始进入家庭和办公室，用于代替人从事清扫、洗刷、守卫、煮饭、照料小孩、接待、接电话、打印文件等。酒店售货和餐厅服务机器人、炊事机器人和机器人保姆已不再是一种幻想。⑤娱乐机器人，包括文娱歌舞和体育机器人。⑥医疗手术机器人近年来有所突破。

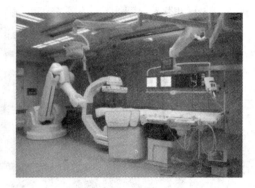

图 16-14　医用机器人

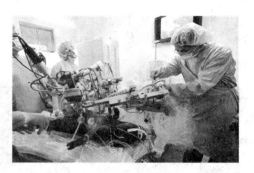

图 16-15　医用机器人

军事机器人——比如地面军用机器人。地面军用机器人分为两类：一类是智能机器人，包括自主和半自主车辆；另一类是遥控机器人，即各种用途的遥控无人驾驶车辆。海洋军用机器人：美国海军有一个独立的水下机器人分队，这支由精锐人员和水下机器人组成的分队，可以在全世界海域进行搜索、定位、援救和回收工作。水下机器人在美国海军中的另一个主要用途是扫雷，如 MINS 水下机器人系统，它可以用来发现、分类、排除水下残物及系留的水雷。法国在军用扫雷机器人方面一直处于世界领先地位。空间军用机器人：可以说无人机和其他空间机器人，都可能成为空间军用机器人。微型飞机用于填补军用卫星和侦察机无法达到的盲区，为前线指挥员提供小范围内的具体敌情。

图 16-16　排爆机器人

图 16-17　军用机器人

其他一些特殊的机器人应用还有：

防爆机器人——我国研制成功的第一台"防爆机器人"已经问世。至此，人工操作有危险的作业有了替身。

上墙机器人——英国制造的这种机器人能爬在轮船的船壁上清除上面的动物和植物。这种有三只电磁爪的机器八，靠电子计算机操纵，在轮船壁上爬行，用金属丝刷子每小时能刮净 300 平方米的船壁上的动植物。

手术机器人——美国洛杉矶纪念中心医院研制的机器人能代替外科医生做脑手术。这个名叫"奥罗"的机器人，身高 61 厘米，由计算机控制的手腕可以在病人头部的任何位置、任何角度，按预先拍摄的 X 光射线照片操作。它的手腕比脑盖骨的手术洞还小，所以能完成各项简单的脑手术，如脑动脉切除、脑肿瘤放射治疗等。它的最大优点是手术位置准确无误。

摘西红柿机器人——日本农林水产省研制的这种机器人，能判断西红柿是否成熟并自动摘取。该机器人可在西红柿地里自行走动，它走到西红柿前伸出装有电视摄像机和割刀的筒型胳臂，电视摄像机装有只有红色光才能透过的滤色片，由于判断西红柿是否成熟，由割刀割断蒂，并把红熟的放入筒型胳臂前端的容器内。它平均每 2 秒钟割一个西红柿。

打蛋机器人——德国的一家禽蛋加工厂有一台机器人，它打碎鸡蛋后，能把蛋清与蛋黄分开，并倒入大桶里。它打蛋的效率很高，1 小时能打 6000 个鸡蛋。

奏乐机器人——日本早稻田大学研制的这台机器人与真人一样，能边读乐谱边用双手弹电子琴。这台机器人的"眼睛"是一个摄像机，通过电脑可以识别乐曲，然后自动安排手和脚的动作。两只手弹琴键，左脚专踏低音琴键板，右脚踏音量踏板，与人弹琴操作相同，它根据人们的要求弹奏所点的乐曲。

钓鱼机器人——瑞典一家公司生产的这种机器人，能自己把装上鱼饵的鱼钩抛入水中，拉起吊丝，当鱼儿咬钩时，它会自动提钩。如钓的鱼很大，它会等到鱼挣扎得筋疲力尽时，再把它很快地拉起并抛到船上。

16.3　3G 技术

16.3.1　3G 的含义

初次看到 3G，可能有诸多的疑惑，3G 只是一个流行名词，还是门新技术？接下来，首先对 3G 的含义进行简单的讲解。

3G 是英文词组 3rd Generation 首字母的缩写形式，中文翻译为第三代移动通信技术，指支持高速数据传输的蜂窝移动通信技术。对 3G 做了这样的解释后，大家对出现的专业术语可能还是不理解，那么接下来对名词解释内容进行分解。通信是为信息服务的，通信技术的任务就是要高速度、高质量、准确、及时、安全可靠地传递和交换各种形式的信息，而应用在移动传输（平时常用的手机通信就是其中一方面）的通信技术我们就称为移动通信技术。蜂窝移动通信技术顾名思义就是采用同蜂窝一样的无线组网方式，在终端和网络设备之间通过无线通道连接起来，进而实现用户在活动中的相互通信。

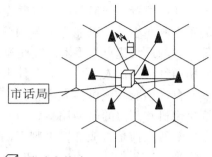

移动交换中心(MSC)

▲ 基站(BTS) 日 移动台(MS)

图 16-18　蜂窝移动组网方式

16.3.2　3G 的起源

万事万物的发展都离不开其产生。现在，我们就来说说 3G 的诞生。早在 1940 年，美国一个名为海蒂·拉玛的女演员和她的作曲家丈夫提出一个"展布频谱技术"（也称码分扩频技术）的技术理论概念，这个技术理论最终演变成今天的 3G 技术，因此可以说"展布频谱技术"就是 3G 技术的根本基础原理。

16.3.3　3G 的成长历程

刚才谈到既然 3G 是第三代通信技术，那么自然而然就会有第一代通信技术。1995 年问世的第一代模拟制式手机（1G）只能进行语音通话；1996—1997 年出现的第二代 GSM、TDMA 等数字制式手机（2G）便增加了接收数据的功能，如接收电子邮件或者浏览网页；第三代与前两代的主要区别是在传输声音和数据的速度上的提升，它能够在全世界范围内更好地实现无缝漫游，并处理图像、音乐、视频流等多种媒体形式，提供网页浏览、电话会议、电子商务等多种信息服务，同时也考虑了与已有第二代系统的良好兼容性。2009 年 1 月 7 日 14：30，工业和信息化部为中国移动、中国电信和中国联通发放 3 张第三代移动通信（3G）牌照，此举标志着中国正式进入 3G 时代。

16.3.4　3G 的运用标准

中国已经成为全球最大的移动通信消费国，据报道，2012 年移动通信数量已经达到了 10 亿，其中 3G 用户约有 1.4 亿。目前国内支持国际电联的三个无线接口标准，分别是中国电信的 CDMA2000，中国联通的 WCDMA，中国移动的 TD-SCDMA。

图 16-19　3G 运营商中国电信、中国联通和中国移动

16.3.5　3G 的应用情况

3G 的应用出现在生活、工作、学习的方方面面：

宽带上网——尽管在 2G 时代也能通过手机上网，但是带宽较小，自然速度也比不上 3G。社会发展，工作节奏加快，很多上班族都需要在路上处理邮件、写微博、下载音乐等，3G 完全能达到这样的要求。

视频通话——传统的语音通话已经是再普通不过的功能，在 3G 时代，增加视觉的冲击，不单能听到声音还能看到对方，以往科幻片中看到的场景就会发生在每个人身边。

手机办公——随着带宽的增加，手机办公越来越受到青睐。手机办公使得办公人员可以随时随地与单位的信息系统保持联系，完成办公，包括移动办公、移动执法、移动商务等，极大地提高了办事和执法的效率。

手机购物——不少人都有在淘宝上购物的经历，但手机商城对不少人来说还是个新鲜事。事实上，移动电子商务是 3G 时代手机上网用户的最爱。专家预计，中国未来手机购物会有一个高速增长期，用户只要开通手机上网服务，就可以通过手机查询商品信息，并在线支付购买产品。高速 3G 可以让手机购物变得更实在，高质量的图片与视频会话能使商家与消费者的距离拉近，提高购物体验，让手机购物变为新潮流。

16.4　物联网

物联网，而非"互联网"。第一次听到物联网，或许您还以为自己听错了，因为"物联网"这个词实在太新。确实，物联网（The Internet of things，IOT）的概念在 1999 年才被美国麻省理工学院 Auto-ID 研究中心提出，算算只不过十年有余。

顾名思义，物联网就是物物相连的互联网。这里的"物"是指物品和人。按照国际电信联盟（ITU）的定义，物联网主要解决物品与物品（Thing to Thing，T2T）、人与物品（Human to Thing，H2T）、人与人（Human to Human，H2H）之间的互联。

物联网的概念虽然是近几年才被人们所熟知，但实现物物互联所采用的却非全是新兴技术。在 2005 年国际电信联盟发布的年度报告中，对物联网概念进行了进一步的扩展，提出在任何时刻、任何地点、任何物体之间的互联，无所不在的网络和无所不在的计算的发展愿景。为了实现这样的发展，要解决的物物相连以及物物感知的问题，因此移动通信系统、RFID（射频识别）技术、传感器技术和智能终端等技术都会得到更广大的应用。

16.4.1　物联网常用技术简介

IC 卡技术——IC 卡的应用范围非常广泛，大家也非常熟悉。IC 卡（Integrated Circuit Card）也叫做智能卡，由法国人在 1970 年发明。IC 卡不是磁卡，外形上两者相似，但是两者是有实质区别的：IC 卡通过嵌入卡中的集成电路芯片来存储数据，而磁卡是通过磁卡上的磁条来存储数据。常用的 IC 卡有电话 IC 卡、电（燃气）卡、手机 SIM 卡等。这样的 IC 卡很明显的特征就是卡里面嵌着一个黄铜色的集成芯片，并且只有在读卡器接触到集成芯片后才能读取到里面的信息。

RFID 技术——RFID 是 Radio Frequency Identification 的缩写，即射频识别，应用这个技术的卡被称为 RFID 卡，也称为感应卡或非接触卡。它通过射频信号自动就能找到目标对象，然后去读取里面的数据。常用的 RFID 卡有公交卡、校园一卡通、就医卡、门禁卡等。由于读取信息不需要直接接触芯片，因此不会对卡片本身造成什么磨损，相对来讲 RFID 卡比 IC 卡的使用寿命更长，使用环境的要求也更低，应用范围也就更广泛。

蓝牙——Bluetooth，是一种适用于近距离范围无线传输的技术，能在几米到几十米内将多个无线设备连接在一起实现相互通信，也可接入到互联网里。目前大家用得较多的是蓝牙耳机。它能完成手持手机一样的通话效果，这样也给一些手中正在忙于其他工作的人，如行驶中的驾驶员，带来了方便。

WiFi——Wifi（Wireless Fidelity 无线保真）是一种可以将电脑、手持设备（如 PDA、手机）等终端以无线连接的方式进行相互连接的技术。以往要想连接进入互联网，通常是用网线进行连接。随着社会的进步，越来越多的人需要用到互联网，但是在进行联网的时候往往会有如网线无法架设、通信线路铺设复杂、通信距离太长（一般网线从路由器、交换机接出到用户终端不会超过几千米的距离）等问题，这样的情况下，用 Wifi 联网进入互联网就显得更得心应手。

当前，网络服务运营商都会在一些公共场所安装无线路由器，只要在这个无线路由器电波覆盖范围内的终端都可以使用 Wifi 连接方式进行联网进入互联网。Wifi 连接方式并不复杂，它是当今使用最广的无线网络传输技术。因此，对于家庭而言，只要安装了宽带，那么接一个家用的无线路由器，进行简单的设置，就能把有线信号转换成无线信号，在此无线路由器覆盖范围内的终端都可以接入互联网。

一般情况下，一个无线路由器发射的 Wifi 信号的接收半径为 95 米，但受到实际周边环境的影响，如墙壁的遮挡等，实际距离可能会小一些，但家庭用，甚至一栋办公大楼用都是可以实现的。与蓝牙相比，Wifi 的传输质量和数据安全要比蓝牙差一些，但是传输的速度却是很令人刮目相看，能达到 54mbps，也就是说传输一首 6M 大小的 MP3 歌曲不到一眨眼的工夫，仅仅十分之一秒就能完成。

图 16-20　无线网络连接

16.4.2　物联网应用案例

1. 在交通方面的物联网应用案例

公交车自动定位系统：仔细观察，现在好多公交站台都安装了一个 LED 屏幕，里面能滚动显示接下来停靠在本站台的公交车信息，如距离本站还有几站等，方便人们尽快获悉要坐那趟公交车的情况。公交车信息通过安装在车内的 GPS 定位仪传回到总台，然后总台将该车信息自动发布到沿路公交站台 LED 屏幕显示出来。

出租车：出租车行驶的线路不固定，可能会造成一个区域的出租车是空车，而另一个区域内人们很着急又打不到出租车。总台通过分布在出租车内的终端传回的信息，及时调控出租车分布区域，保证人们能顺利打到车，出租车也不会出现空车的情况。

大巴车监控系统：在高速公路上行驶，最主要的是行车速度必须在规定车速内，才能有效保障行车安全。细心的乘客都会发现，在行车中时常会听到在驾驶员旁边的喇叭里传出"即将超速，请注意车速"的提示声，驾驶员就会尽快调整车速。安装在大巴车内的终端检测到当时的行车情况，通过网络及时把行车状况传回到总台，实时监控车辆的行车状况，保证出行的安全。

2. 在物流方面的物联网应用案例

物流是人类最基本的社会活动之一，不能单一地理解成物流就是"快递"。物流是企业生产活动与市场需求的整合，是产品从最初的原材料到成品，再销售到客户手中完整的供销体系。

2008 年奥运期间，国家对所有参赛国运动员的食品都进行了可追溯查询，小到一棵葱，大到食用的肉品都能在 10 分钟内，查询到从原料栽培到成品发货的所有信息，譬如：原料是哪个基地的，什么时候播种的，什么时候用的药、什么药、由谁管理的，什么时候采购、收获、加工的……，实现了"从田地到餐桌"的全过程追溯，保证了食品的安全，对出现的意外情况也能实时掌握以便及时采取相应措施。

现在很多的大型超市销售的蔬菜和肉类产品都建立了一个追溯系统，每个产品都有自己身份信息以及成长记录，顾客通过电话、网络和短信能查询到这些商品信息，这样老百姓买着菜、端起碗就放心多了。据最新报道，成都市在全国率先启动了生猪产品质量安全追溯系统，能实施监控生猪屠宰。老百姓把细节了解清楚了，买东西的时候心里也有谱了。

3. 物联网市场运用简析

物联网是互联网高度发展后产生的必然需求。有关机构预计，10 年内物联网就可能实现大规模组网，发展成为一个上万亿规模的高科技市场，其产业要比互联网大 30 倍。物联网所带来的人与人、人与物、物与物之间交流方式的变革，对人的行为和社会生活方式产生了深远的影响。相对于互联网便利了人与人之间的交流，物联网的主要突破在于实现了人与物、物与物之间的沟通，在现代综合技术层面上达到了人与物、物与物的智能化交流。物联网应用所带来的生产和生活的变革，不仅本身会促进产业升级，也会为人们提供更多样、更便利的产品和服务，从而促进消费，推动我国的经济结构向内需导向型转变。

参考文献

［1］Adobe 公司. Adobe Photoshop CS2 中文版经典教程［M］. 袁国忠，等，译. 北京：人民邮电出版社，2006.

［2］廖琪男，黄芳. Flash 动画设计与项目实践［M］. 北京：清华大学出版社，2008.